"十三五"职业教育部委级规划教材

民族服饰品制作

MINZU FUSHIPIN ZHIZUO

汪薇　黄乐◎主编

中国纺织出版社

内 容 提 要

《民族服饰品制作》一书全面详细地介绍了民族服饰品的制作方法，全书共分三个项目十一个任务，详细介绍了民族服饰品基础工艺、民族服饰品制作和广西少数民族服饰技艺三方面内容，主要突出民族特色。

本书可作为中等职业学校服装设计、服饰品设计以及形象设计等专业的教学用书，同时也可作为服装设计、服饰品设计以及形象设计爱好者以及相关企业的设计人员和技术人员的参考用书。

图书在版编目（CIP）数据

民族服饰品制作 / 汪薇，黄乐主编 . -- 北京：中国纺织出版社，2019.3

"十三五"职业教育部委级规划教材

ISBN 978-7-5180-5775-7

Ⅰ . ①民… Ⅱ . ①汪… ②黄… Ⅲ . ①民族服饰—中国—职业教育—教材 Ⅳ . ①TS941.742.8

中国版本图书馆 CIP 数据核字（2018）第 282339 号

策划编辑：孔会云　　责任编辑：沈　靖　　责任校对：武风余
责任印制：何　建

中国纺织出版社出版发行
地址：北京市朝阳区百子湾东里 A407 号楼　邮政编码：100124
销售电话：010 — 67004422　传真：010 — 87155801
http://www.c-textilep.com
E-mail:faxing@c-textilep.com
中国纺织出版社天猫旗舰店
官方微博 http://weibo.com/2119887771
北京玺诚印务有限公司印刷　各地新华书店经销
2019 年 3 月第 1 版第 1 次印刷
开本：787×1092　1/16　印张：7
字数：62 千字　定价：49.00 元

前　言

　　广西作为壮族、瑶族、苗族、侗族等少数民族聚居地区，有着悠久的历史文化，其中民族服饰极具特色。目前，广西少数民族传统服饰制作技艺的传承青黄不接，民族技艺传承人越来越少，纺织、印染、制衣、刺绣等服饰技艺即将面临失传，因此，民族传统服饰技艺的保护和传承迫在眉睫。2017年，随着广西民族文化传承创新职业教育基地项目的正式启动，编者所在的课题组决定把学校工作室完成的产品系统整理，编著出版一部突出广西当地民族服饰技艺的特色教材。经过反复筛选，选取广西仫佬族马尾绣、白裤瑶数纱挑花绣、隆林壮族箔衮三种服饰技艺作为典型代表，邀请非遗传承人和民间艺人到学校传授技艺，并收集整理第一手资料编入教材，挖掘并提炼其中的民族元素，开发具有广西少数民族特色的服饰产品，将本地区的民族服饰技艺传承下去。

　　本教材编写团队具有多年的教学经验，教材中选取的每一个任务都是编者在工作室开发的原创产品，经过反复试制和长达三年的课堂教学实践检验，并在专业摄影棚里拍摄完成每一件服饰品的制作过程。本教材内容新颖，与市场时尚潮流接轨，排列由易到难，图文并茂，内容直观，配以详细的步骤图解，引经据典，让学生感受到民族服饰的审美价值和文化内涵。

　　全书共分三个项目十一个任务，项目一为民族服饰品基础工艺，主要介绍民族服饰品认知和手工基础针法；项目二为民族服饰品制作，包括宫扇制作、发夹制作、口金袋制作、花扣制作、手链制作、挂饰制作六个任务，涵盖了珠绣、布艺、包袋、传统盘纽、绳结等工艺技法，在材料选择、色彩搭配、元素提取方面，都具有浓厚的民族特色；项目三为广西少数民族服饰技艺，包括仫佬族马尾绣技法、白裤瑶数纱挑花绣技法、隆林壮族箔衮技法三个任务，这三种技法各有特点，马尾绣在盘金绣（也叫钉线绣）的基础上再作螺旋绣；白裤瑶数纱挑花绣是在布料上挑绣出各种图案纹样，其针法有十字长短针、平直长短针，挑花图案的纹样严格按照布的经纬交织点施针；隆林壮族箔衮是通过镂空技法和钉线绣结合，塑造一种空间感，增强色彩之间的对比。

本教材由汪薇、黄乐主编，朱华平、莫海莹、潘虹、吴丁丁、李雯、康静、何薇、欧利惠、李卉参编；编写过程中得到非遗传承人谢秀荣、民间艺人黎敬珍的大力帮助。

由于编者水平有限，书中难免有不妥之处，敬请读者批评指正。

编者

2018年8月

目 录

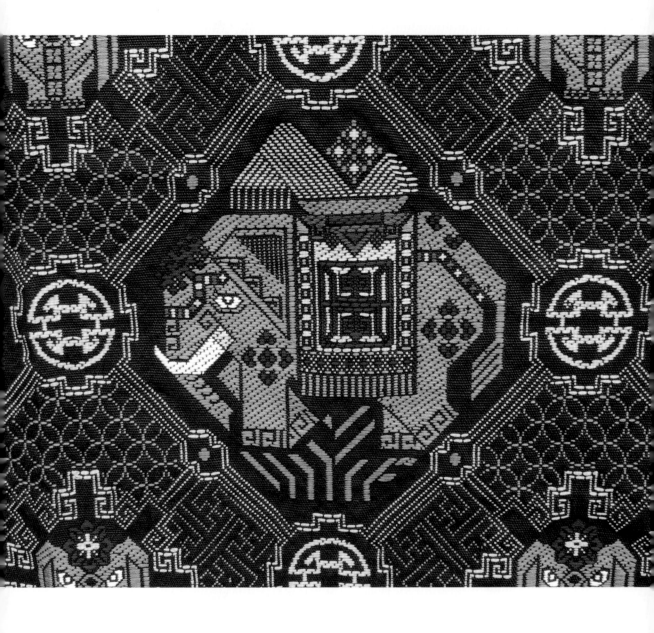

项目一

民族服饰品基础工艺

任务一
民族服饰品认知

服饰品介绍

　　服饰品也称服饰配件，指整套服装中的配饰及装饰品，包括帽子、鞋子、包袋、首饰等装饰品，为服装的整体设计和搭配起到了画龙点睛的作用，能够多角度、全方位地展现整体服装的美。民族服饰品多采用民族元素和民族纹样，并采用天然材料，风格质朴，其点缀色与主体色对比明显，能产生强烈的视觉效果。

一、工具准备

制作民族服饰品所用工具有线剪、裁布剪刀、通用剪刀、鹤剪、网格尺、珠绣针、穿带器、锥子、迷你手工熨斗、手缝针、针包，如图1-1-1所示。

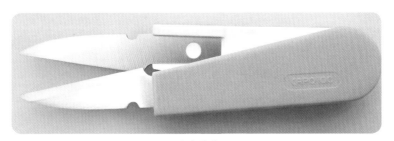

（1）线剪

（2）裁布剪刀

（3）通用剪刀

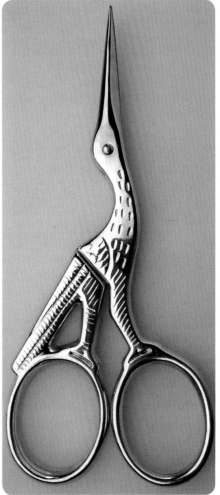

（4）鹤剪

图1-1-1

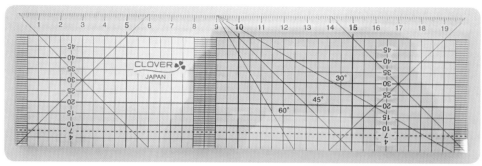

（5）网格尺

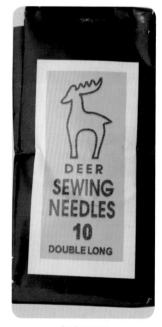

（6）珠绣针

（7）穿带器

（8）锥子

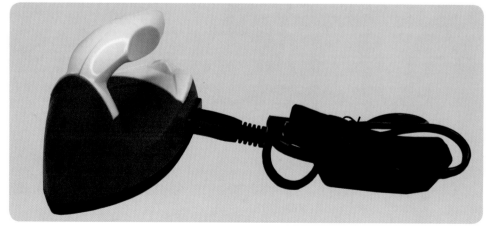

（9）迷你手工熨斗

（10）手缝针　　　　　　　　　　　（11）针包

图1-1-1　工具准备

二、材料认知

1.绣花线（图1-1-2）

图1-1-2　绣花线

2.素色棉麻布（图1-1-3）

图1-1-3　素色棉麻布

3.图案纹样布（图1-1-4）

图1-1-4　图案纹样布

4.条纹布（图1-1-5）

图1-1-5　条纹布

5.花边织带（图1-1-6）

图1-1-6　花边织带

6.织锦（图1-1-7）

图1-1-7　织锦

7.绣片（图1-1-8）

图1-1-8　绣片

8.流苏（图1-1-9）

图1-1-9　流苏

9.绳结（图1-1-10）

图1-1-10　绳结

10.亮片、珠子、管珠（图1-1-11）

亮片　　　　　　　　　　珠子　　　　　　　　　　管珠

图1-1-11　亮片、珠子、管珠

三、服饰品分类

1.按照装饰部位分类

按照装饰部位，服饰品可分为头饰、发饰、颈饰、耳饰、腰饰、腕饰、腿饰、足饰等（图1-1-12）。

头饰　　　　　　　　　　颈饰　　　　　　　　　　足饰

图1-1-12　按照装饰部位分类

2.按照材料分类

按照材料特点，服饰品可分为金属类、塑料类、纺织品类、毛皮类、竹木类、贝壳类、珍珠宝石类等（图1-1-13）。

金属类　　　　　　　塑料类　　　　　　　纺织品类

图1-1-13　按照材料分类

3.按照装饰功能与效果分类

按照装饰功能与效果，服饰品可分为首饰品、编织饰品、包袋饰品、首饰品、帽饰品、其他饰品（扇子、伞）等（图1-1-14）。

袋饰品

帽饰品　　　　　　　包饰品

扇子　　　　　　　首饰品

图1-1-14　按照装饰功能与效果分类

任务二
手工基础针法

针法介绍

手工基础针法是一项传统的缝纫工艺，使用布、线、针及其他材料通过操作者手工完成，具有灵活方便的特点。一些刺绣针法经过很长时间传承下来，不同的针法可以产生不同的线条组织和独特的手工刺绣艺术表现效果，种类丰富，变化无穷，雅艳相宜，工艺精巧细腻。

一、材料与工具准备

材料与工具有绣花线、分线板、顶针、手针和穿线器、绣绷、手工小剪刀、棉麻面料、丝绸面料，如图1-2-1所示。

（1）绣花线

（2）分线板

（3）顶针

（4）手针和穿线器

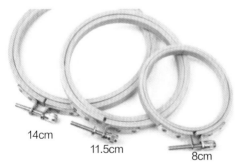

14cm

11.5cm

8cm

（5）绣绷

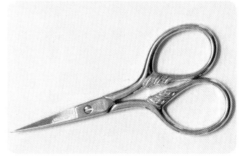

（6）手工小剪刀

（7）棉麻面料

（8）丝绸面料

图1-2-1 材料与工具

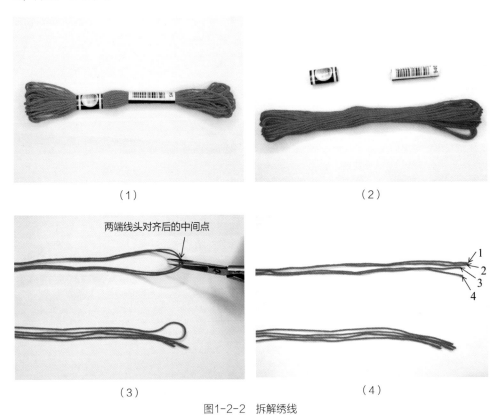

二、材料运用

1.拆解绣线

把成卷的绣线拆解成一根线，两端线头对齐对折两次，并剪断得到四根股线（图1-2-2）。

（1）

（2）

两端线头对齐后的中间点

1
2
3
4

（3）

（4）

图1-2-2 拆解绣线

2.分类挂线

把剪好的四根线对齐，穿进分线板，按照颜色（色号）进行分类，挂在分线板上（图1-2-3）。

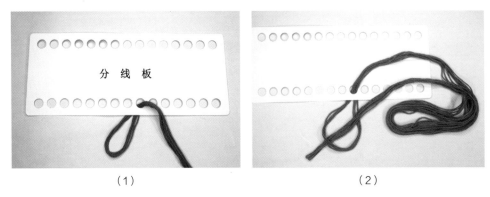

分 线 板

（1）

（2）

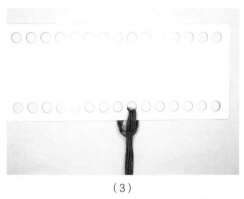

（3）

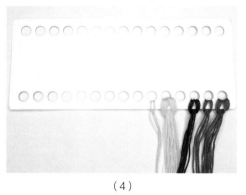

（4）

图1-2-3　分类挂线

3.顶针的使用

顶针上有一个个较深的洞眼，可在使用手针时，将针尾顶在洞眼里（图1-2-4），防止缝制面料时打滑。佩戴好顶针，尤其是缝制硬、厚、密的面料时，它能保护手指并协助手针进入面料。顶针一般佩戴在右手中指第二节上（图1-2-5）。

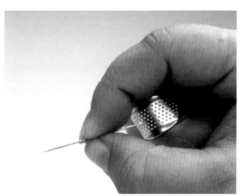

图1-2-4　顶针的使用

图1-2-5　佩戴顶针

4.穿针引线

（1）一股线里有六根线，从挂在分线板的绣线中间挑起一根线抽出，一次一根线（图1-2-6）。

（1）

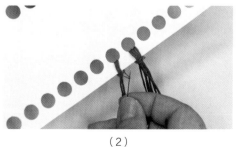

（2）

图1-2-6

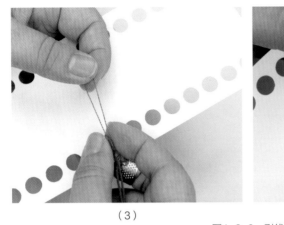

（3）

（4）

图1-2-6 引线

（2）一般选用针盒从左或从右数过来的第三格的手缝针。用剪刀斜着剪线头，左手拿针，针眼对着自己，从右到左将线穿入针孔。如果剪过的线头还是散开的，无法穿过针孔，可以沾点水再穿线（图1-2-7）。

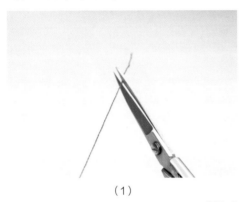

（1）

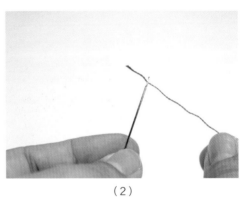

（2）

图1-2-7 穿针

（3）可以用穿线器辅助穿线（图1-2-8）。

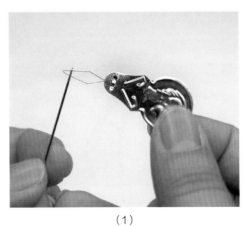

（1）

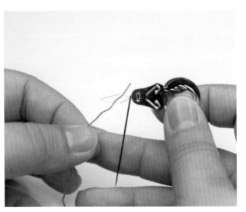

（2）

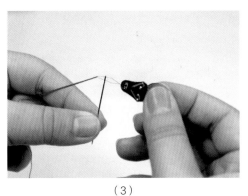

（3）

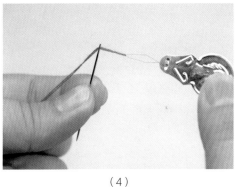

（4）

图1-2-8　用穿线器辅助穿线

（4）手缝穿线长度一般长过一个手肘再加10cm为好，穿线太长容易在缝制时打结，太短又使穿线频繁（图1-2-9）。

5.打结

一般常见的打结方法有手指打结（图1-2-10）和用针打结（图1-2-11）。

在缝制作品收尾时，一般用针打结收尾（图1-2-12）。

图1-2-9　手缝穿线长度

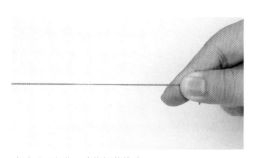

（1）右手拇指、食指捏住线头

（2）在右手食指绕线一圈

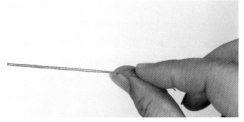

（3）拇指向前，食指向后捻，把线头转进圈内几圈后，用拇指和食指捏住线圈，左手拉紧另一头线即可

（4）用手指打结的线头会比用针打结的线头大

图1-2-10　手指打结

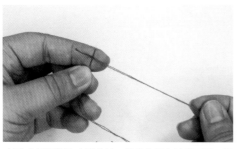

（1）左手拇指和食指拿针，把线头压在针的下面，留出0.5~1cm的线头

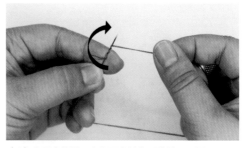

（2）右手拿住线，向左至右缠绕手缝针2~3圈

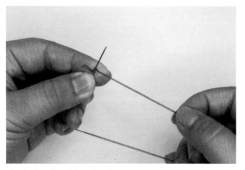

（3）左手拉紧线，右手把线圈挤在一起

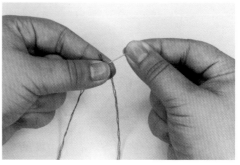

（4）左手拇指和食指捏紧线圈，右手捏住手缝针

（5）右手捏住手缝针向右抽出，左手拇指可用指尖压住线直至拉紧

（6）用针打结的线头比手指打结的线头美观

图1-2-11　用针打结

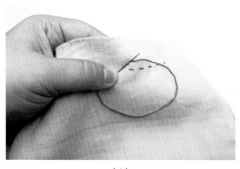

（1）

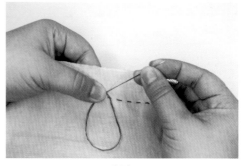

（2）

图1-2-12　针打结收尾

6.绣绷

借助绣绷拉紧绣布使其平整，可以使绣品的进度一目了然，而不需要停下来展开查看。绣绷有不同的规格、形状和材质，一般手工制作使用方便的是圆形塑料和竹制的绣绷，经济又实惠。绣绷从功能上可分为不可调节绣绷和可调节绣绷。可调节绣绷比不可调节绣绷多一个螺纽，通过螺纽位置来调节绣绷外圈的松紧度（图1-2-13），通过外圈和内圈的摩擦夹紧绣布，方便上布和拆卸绣布（图1-2-14）。

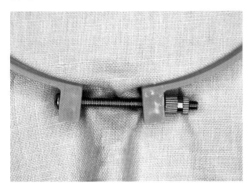

（1）螺纽扭松状态

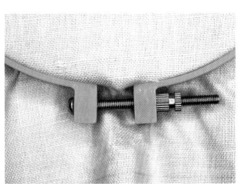

（2）螺纽扭紧状态

图1-2-13　可调节绣绷

（1）塑料可调节绣绷

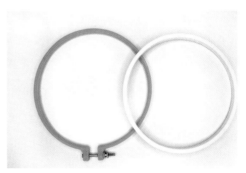

（2）把螺纽扭松，取出内圈

（3）内圈在下

（4）绣布在上

图1-2-14

（5）外圈在上，夹着绣布往下压，套住内圈 （6）把螺纽扭到半紧状态，拉紧四周的绣布直至平整，再把螺纽扭紧

图1-2-14 上布

三、基础针法

下面介绍几种常见的手缝针缝制针法，适合各种情况，可根据设计图样组合针法运用。

1.平缝针

针脚在布料的正反两面都相同，一般针脚间距为3mm，从右至左向前推进（图1-2-15）。

2.回针

回针分为全回针和半回针。全回针的针迹像是车缝出来的，出针先向右回一针（2~3mm的针距），再向左前进两针（约2倍，4~5mm的针距），使第①针的针眼在第③针和第②针的中间（图1-2-16）；半回针的针迹像平缝针一样，断断续续，出针先向右回一针（2~3mm的针距），再向左前进三针（约3倍，8~10mm的针距），使第①针的针眼位于第③针和第②针的三分之一处（图1-2-17）。

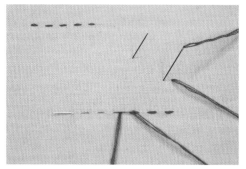

图1-2-15 平缝针

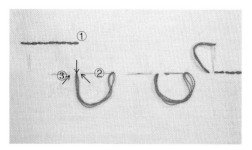

图1-2-16 全回针

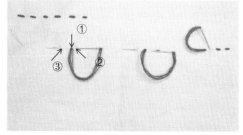

图1-2-17 半回针

3.轮廓绣

轮廓绣由左向右前进，针迹会重叠，用在线条、轮廓及填补面积上。从针迹区分，可分为上轮廓绣和下轮廓绣（图1-2-18）。

4.缎面绣

缎面绣首先用水溶笔、气消笔或者高温消色笔画出轮廓，将直线整齐地并排缝制，针法方向不同，绣出来的感觉也会不同（图1-2-19）。

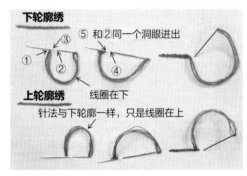

图1-2-18　轮廓绣

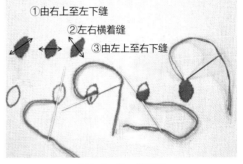

图1-2-19　缎面绣

5.菊叶绣

菊叶绣常用于表现花瓣和叶子图形（图1-2-20）。

6.锁链绣

菊叶绣的连续绣法，可绣较粗的线条、文字、花朵及填补面积。最后手针为菊叶绣（图1-2-21）。

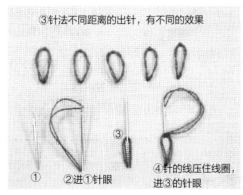

图1-2-20　菊叶绣

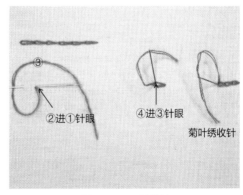

图1-2-21　锁链绣

7.人字绣

人字绣常用于裙摆和裤管的缝份固定，起针和手针都要在隐蔽的地方打结，针脚上下交替横向由左至右刺绣。可用于条状图案装饰及填补面积（图1-2-22）。

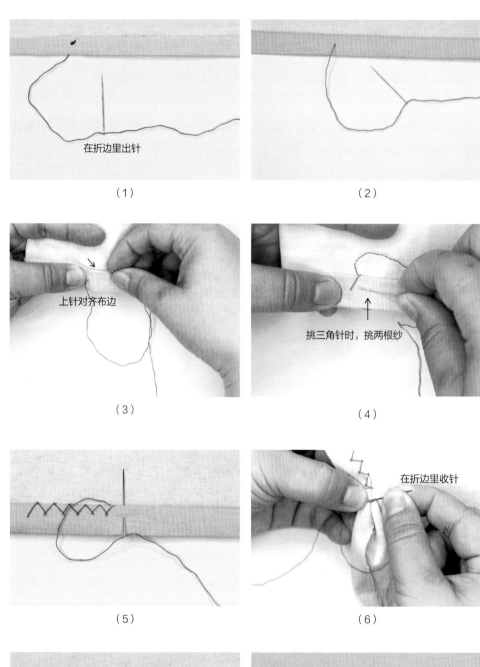

在折边里出针

（1）

（2）

上针对齐布边

（3）

挑三角针时，挑两根纱

（4）

（5）

在折边里收针

（6）

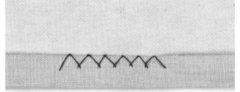

每个上针与上针或下针与下针的针距为8mm，针距都一样，效果才好看

（7）

正面看不见线迹

（8）

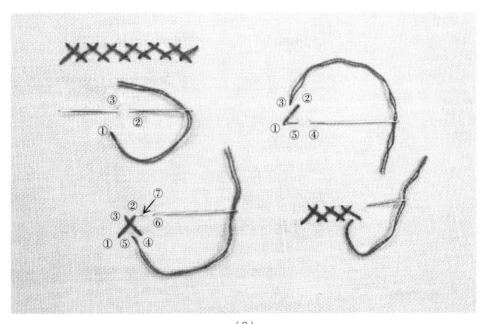

（9）

图1-2-22　人字绣

8.藏针缝

藏针缝常用于裙下摆或裤管的折边，它并非缝份的锁边，而是挑缝固定。此针法重点在于挑缝时避免拉扯抽紧，固定后正面看不见针迹（图1-2-23）。

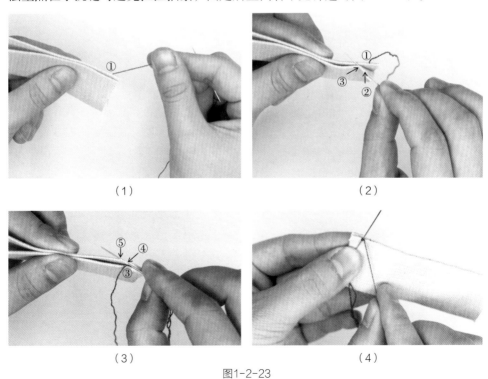

（1）

（2）

（3）

（4）

图1-2-23

 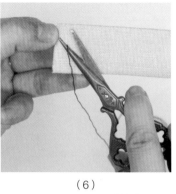 

（5） （6） （7）

图1-2-23 藏针缝

9.结粒绣

结粒绣也叫打籽绣，不是直接打个结在上面做成颗粒状的就是打籽绣，而是要正确地跟着打结手势进行。常用于点、花蕊、种子等的装饰或者填补面积（图1-2-24）。

10.长尾结粒绣

长尾结粒绣的针法与结粒绣的针法类似，只不过在第二针入针时不一样。常用于花朵、小草等图案上（图1-2-25）。

在针上绕线两圈后，原点插针返回，注意拉紧地部线圈的线，直至针完全返回

图1-2-24 结粒绣

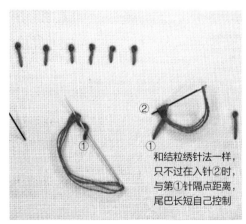

和结粒绣针法一样，只不过在入针②时，与第①针隔点距离，尾巴长短自己控制

图1-2-25 长尾结粒绣

11.锁针绣

锁针绣应用广泛，常用于布边、贴布绣、非织造布等。可沿容易绣的方向绣（图1-2-26）。

12.叶形绣

叶形绣是一种简单的叶子绣法，针与针之间线迹紧密或疏松程度不同，会产生不同的效果（图1-2-27）。

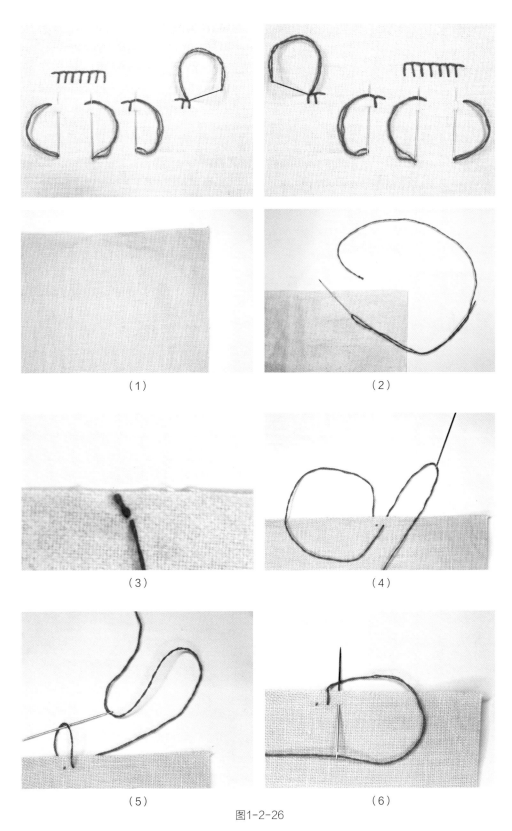

（1）　　　　　　　　　　　（2）

（3）　　　　　　　　　　　（4）

（5）　　　　　　　　　　　（6）

图1-2-26

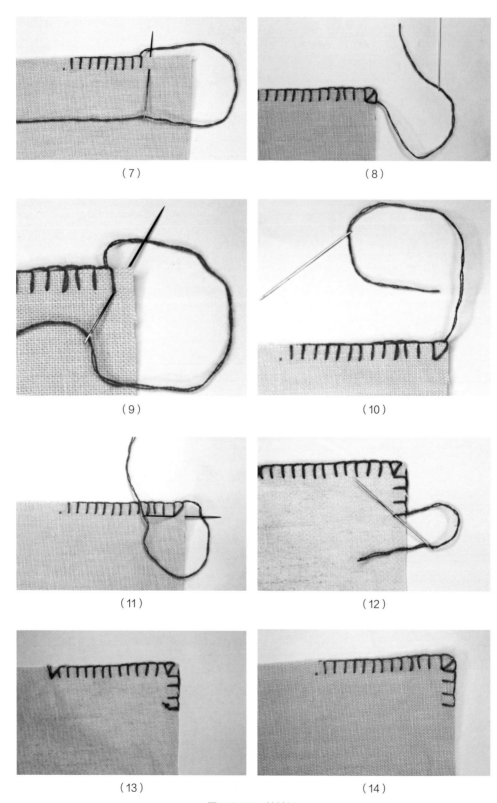

（7）

（8）

（9）

（10）

（11）

（12）

（13）

（14）

图1-2-26 锁针绣

13.钉线绣

钉线绣用在线条、文字或者填补面积上。如果结合金线使用，也可以称为盘金绣（图1-2-28）。

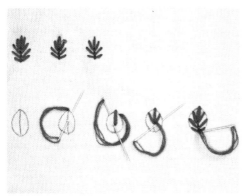

图1-2-27 叶形绣

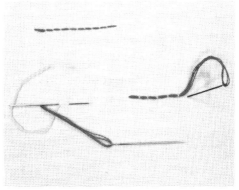

图1-2-28 钉线绣

14.卷针绣

卷针绣顺时针绕线，多用于花朵，具有立体感。根据卷针绣的方向进行组合（图1-2-29）。

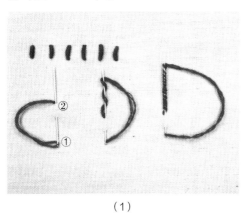

（1）

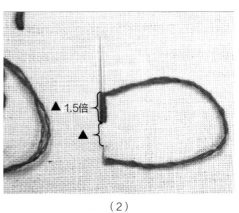

（2）

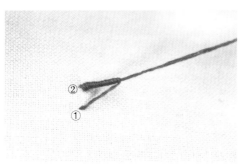

（3）

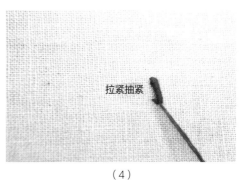

（4）

图1-2-29

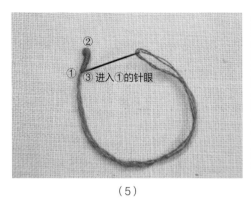

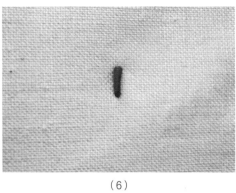

（5）　　　　　　　　　　　　　　　　（6）

图1-2-29　卷针绣

四、作品欣赏

刺绣作品如图1-2-30所示。

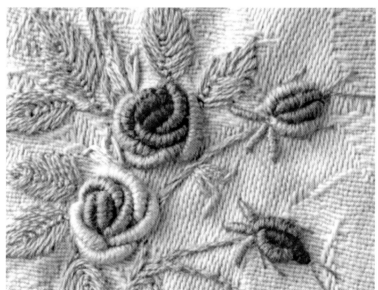

图1-2-30 刺绣作品

项目二

民族服饰品制作

任务一
珠绣技法——宫扇制作

产品介绍

    早在明清时期，古徽州的官服、官帽和披肩等服饰品中就有珠绣的应用，后来通过不断更新材质、改良设计，不断完善制作工艺，逐渐演变为现代立体珠绣。本款宫扇采用立体珠绣，根据设计好的图案，将染好色的车骨蕾丝排花并钉缝，然后再把不同形状和色彩的米珠、亮片用叠片绣的方法钉缝成立体花装饰扇面。

一、材料与工具准备

材料与工具如图2-1-1所示。有缝纫线、线剪、10#穿珠针、纤维颜料、空白团扇、车骨蕾丝、3mm珍珠和2mm米珠若干、花型亮片（4mm、6mm、8mm、10mm边孔）若干、水粉笔、一次性水杯、托盘。

（1）缝纫线　　　　　　　（2）线剪　　　　　　　（3）10#穿珠针

（4）纤维颜料　　　　　　　　（5）空白团扇和车骨蕾丝

（6）3mm珍珠和2mm米珠　　　　　　　（7）花型亮片

图2-1-1　材料与工具

二、方法和步骤

（一）叠片绣钉缝方法

（1）首先在布料上用气消笔画出一个直径2cm的圆圈，然后选出四种不同型号的边孔亮片，并搭配好边孔亮片的色彩；将边孔亮片依次沿边孔垂直方向压出折痕（图2-1-2）。

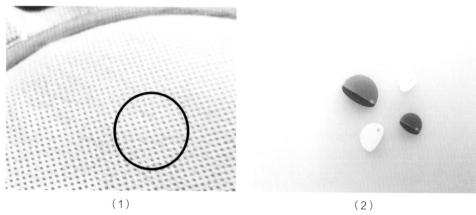

（1）　　　　　　　　　　　　　　　　（2）

图2-1-2　选亮片并搭配色彩

（2）将边孔亮片按由大到小的顺序依次穿入穿珠针中，末端分别加穿一颗3mm珍珠和一颗2mm米珠（图2-1-3）。

（3）钉缝外圈：从圆圈任意一处起针，将第一组花瓣钉缝在圆圈上，用相同的方法将圆圈钉缝完毕，注意每组花瓣间的间距控制在0.3cm左右（图2-1-4）。

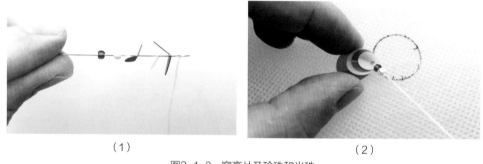

（1）　　　　　　　　　　　　　　　　（2）

图2-1-3　穿亮片及珍珠和米珠

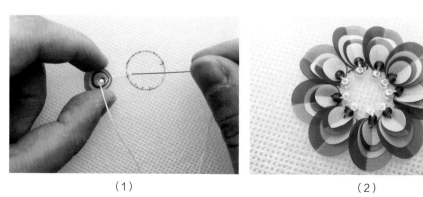

（1）　　　　　　　　　　　　　　　　（2）

图2-1-4　钉缝外圈

（4）钉缝内圈：距离外圈0.3cm钉缝内圈。为了使花朵呈立体状，内圈钉缝时注意要插空、错位钉缝（图2-1-5）。

（5）装饰花芯：用竖珠绣的方法填满花芯（图2-1-6）。

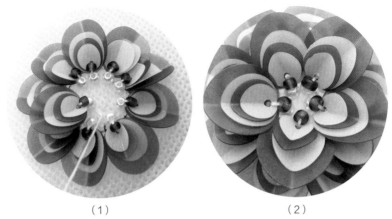

（1）　　　　　　　　　　　　　　　　　　（2）

图2-1-5　钉缝内圈

图2-1-6　装饰花芯

（二）竖珠绣的钉缝方法

首先从布料背面起针，依次穿入3颗2mm米珠加1颗3mm珍珠，然后将最上端的珍珠拨起，将针从下方的3颗米珠孔中下针，将针由正面刺入布料反面，打结，即完成竖绣（图2-1-7）。

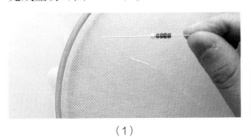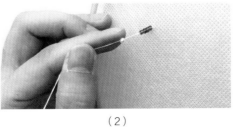

（1）　　　　　　　　　　　　　　　　　　（2）

图2-1-7

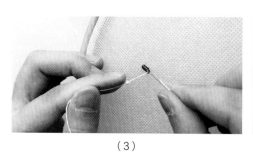

（3）

（4）

图2-1-7 竖珠绣的钉缝方法

（三）宫扇制作

1.剔花

将准备好的车骨蕾丝沿车骨边将多余的丝网修剪干净（图2-1-8）。

图2-1-8 剔花

2.染色

先将纤维颜料加水调制为所需的颜料水，然后用水粉笔将修剪好的车骨蕾丝在托盘上染色（图2-1-9）。

（1）

（2）

图2-1-9 染色

3.排花

将染好的车骨蕾丝片晾干，然后将其拆剪成想要的花型，注意不要从花型中间拆剪，尽量保持花型的完整性，避免修剪的蕾丝片脱散；将拆剪好的蕾丝碎片重新组装，并用大头针固定在扇面上（图2-1-10）。

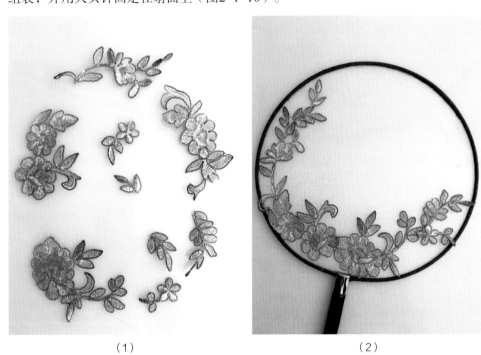

（1）　　　　　　　　　　　　　　　（2）

图2-1-10　排花

4.固定

将固定好的蕾丝片用钉线绣的方法将其固定，每个线钉相距0.7~1cm；因宫扇扇面薄纱呈透明状，故需尽量隐藏好背面的线迹，避免露线（图2-1-11）。

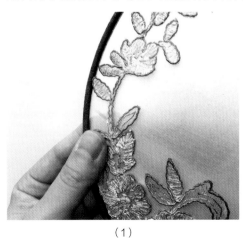

（1）　　　　　　　　　　　　　　　（2）

图2-1-11　固定

5.装饰

在蕾丝片上用叠片绣的方法钉缝珠绣立体花装饰扇面（图2-1-12）。

（1）　　　　　　　　　　　　　　　（2）

（3）　　　　　　　　　　　　　　　（4）

图2-1-12　装饰

6.制作完成

宫扇成品如图2-1-13所示。

图2-1-13　宫扇成品

三、制作难点

（1）固定车骨蕾丝时，为了不影响扇面的美观，线迹要均匀整齐，正面不能透出背面多余的线迹。

（2）叠片绣花型设计时，可以根据设计需要调整花瓣的数量及层次，尽量变化丰富。

（3）钉缝叠片绣花型时，要注意控制每组花瓣之间的间距，过于紧密会造成花瓣叠加，不平整；过于稀疏会造成花朵松散，没有立体感。

四、作品欣赏

宫扇作品如图2-1-14所示。

图2-1-14　宫扇

任务二
布艺花技法——发夹制作

产品介绍

　　布艺花应用在各种头饰、服饰品、装饰品中，种类繁多，可根据用途、材质、制作工艺等进行分类。本款布艺花采用淡粉色和淡蓝色棉麻面料搭配，用布艺花嵌入包边后做成发夹，可爱而柔美。

一、材料与工具准备

材料与工具如图2-2-1所示，有切割板1、滚轮刀2、刻度尺3、酒精胶4、剪刀5、镊子6、发夹7、花芯8、非织造布托片9、面料10（素色、格子布或碎花棉布）、0.5cm螺纹织带11。

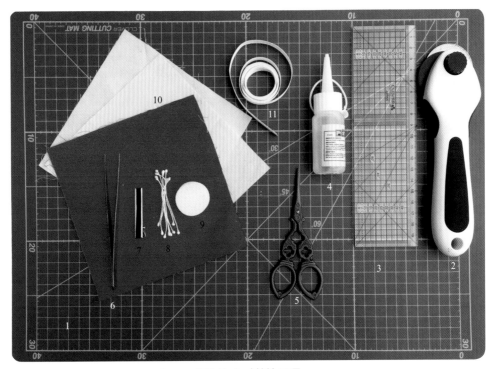

图2-2-1　材料与工具

二、方法和步骤

1.裁剪

将制作布艺花发夹花瓣的碎布片按在切割板上，大花瓣拿刻度表以3cm×3cm的规格用滚轮刀裁剪出6片布片（可单色或多色），小花瓣以2.5cm×2.5cm的规格裁出6片布片（图2-2-2）。

2.制作发夹

将0.5cm的螺纹织带按照发夹形状包裹，用酒精胶涂制发夹正面及背面。注意酒精胶要少量，涂抹均匀后再把螺纹织带与发夹黏合（图2-2-3）。

3.制作花瓣

把裁好的正方形布片取出一片进行折叠，叠花瓣时需将布片各边缘对齐（图2-2-4）。

图2-2-2 裁剪

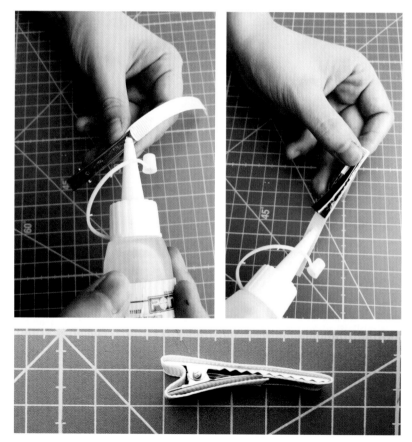

图2-2-3 制作发夹

（1）取出布片（镊子辅助）

（2）布片对角对折

（3）对角再次对折

（4）左角往后折叠

（5）右角往后折叠

（6）镊子固定角尖

图2-2-4　制作花瓣

4.修剪及调整花瓣（图2-2-5）

（1）镊子捏紧花瓣底边

（2）剪刀修剪整齐

图2-2-5

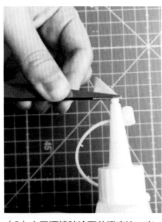

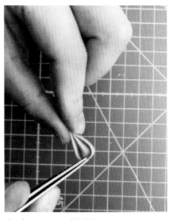

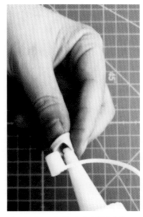

（3）少量酒精胶涂至花瓣底边，半干时用手捏牢

（4）镊子捏好花瓣造型

（5）少量胶水黏合花瓣底部

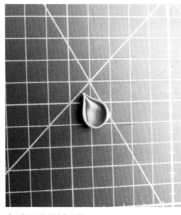

（6）调节花瓣形状

（7）制作大花瓣、小花瓣各6朵

图2-2-5　修剪及调整花瓣

5.组装花瓣

将非织造布托片点上圆心后均匀涂抹少量的酒精胶，修剪花瓣尖，把花瓣围绕圆心摆放在非织造布托片上，用镊子调整花瓣的形状和位置（图2-2-6）。

6.粘贴花蕊

修剪花蕊，在粘贴花蕊至花中心时，注意粘好花蕊的形状，不留多余空隙（图2-2-7）。

7.组装发夹

在发夹上均匀涂抹少量酒精胶，将布艺花组合排放在发夹上，完成布艺花发夹的制作（图2-2-8）。

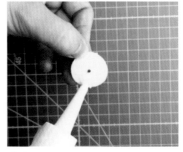

（1）定圆心，圆心四周涂上酒精胶

图2-2-6　组装花瓣

（2）围绕圆心粘贴花瓣

（3）调整花瓣位置

（4）完成花瓣组合

图2-2-6　组装花瓣

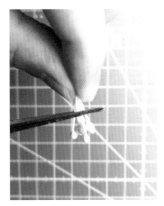

（1）修剪花蕊

（2）粘贴花蕊至花中心

（3）布艺花朵制作完成

图2-2-7　粘贴花蕊

图2-2-8　组装发夹

三、制作难点

（1）布艺花发夹的布艺花瓣在制作时，要调整花瓣形状，让每片花瓣饱满、圆润，花瓣大小、形状一致。

（2）组装花瓣时，花瓣根据非织造布托片圆心进行组装，调整好花瓣摆放的位置。

（3）花蕊要单个进行粘贴，花蕊的形状要控制好，不留多余空隙。

四、作品欣赏

布艺花作品如图2-2-9所示。

图2-2-9　布艺花作品

包袋工艺——口金袋制作

产品介绍

  口金袋的款式和材质各式各样。本款口金袋采用藏蓝色棉麻面料与亮色的壮锦搭配，嵌入撞色饰边，在古铜色口金装饰下，呈现出浓郁的少数民族特色。

一、材料准备

材料选用如图2-3-1所示。

（1）面布和里布：面布为棉麻面料1片；里布为薄棉布1片。

（2）铺棉：带胶铺棉。

（3）口金：14～16cm宽度口金。

（4）织带：民族织带1条。

（5）撞色布：撞色布1条。

（1）面布和里布

（2）铺棉

（3）口金

（4）织带 （5）撞色布

图2-3-1 材料

二、方法和步骤

1.裁剪

将口金袋的面布、里布、铺棉三块一起按纸样裁剪出来，面布与里布四周留出1cm缝份，铺棉不需留缝，裁净样（图2-3-2）。

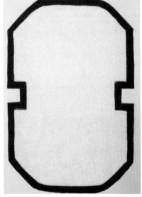

图2-3-2 裁剪

2.做袋面装饰

将撞色布与民族织带反面缝合，织带正面两边折出0.5cm的撞色布嵌边，将其扣压在口金袋的面布上（图2-3-3）。

图2-3-3　做袋面装饰

3.做面布袋身

口金袋面布的反面粘贴带胶铺棉，缝合袋侧两边及袋底左右角，打回针加固（图2-3-4）。

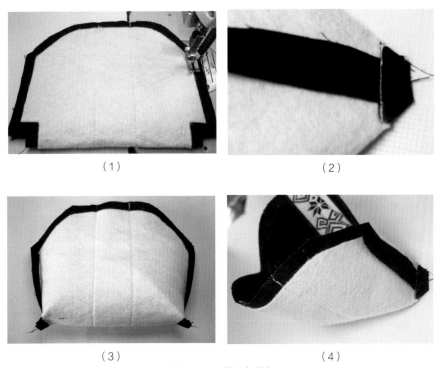

（1）　　　　　　　　　　　　　　　　　（2）

（3）　　　　　　　　　　　　　　　　　（4）

图2-3-4　做面布袋身

4.做袋里布

用同样的方法，口金袋里布缝合袋侧两边及袋底左右角，打回针加固（图2-3-5）。

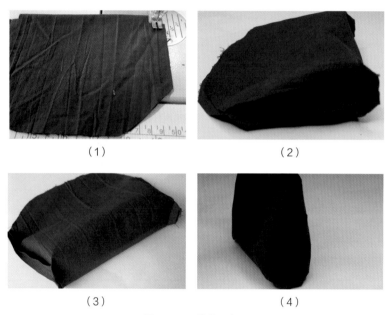

（1）　　　　　　　　　　（2）

（3）　　　　　　　　　　（4）

图2-3-5　做袋里布

5.面布与里布组合

将口金袋的面布与里布反面相对套在一起，面布与里布的袋角对准后缝合，固定在一起，袋口边沿对齐后修剪平整（图2-3-6）。

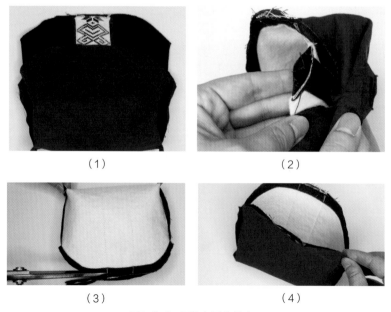

（1）　　　　　　　　　　（2）

（3）　　　　　　　　　　（4）

图2-3-6　面布与里布组合

6.袋口面布与里布暗线缝合

在袋口一边的中段位置用画粉做记号，预留大约8cm翻口且不缝合，从画粉印记点出发将袋口一周的面布与里布用暗线缝合，注意两侧转角处面布与里布对齐（图2-3-7）。

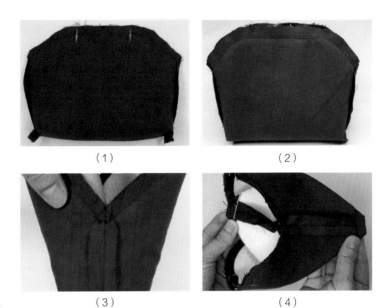

（1）　　　　　　　　　　（2）

（3）　　　　　　　　　　（4）

图2-3-7　袋口面布与里布暗线缝合

7.缉压明线

翻口后缉压第一道0.1cm明线（图2-3-8）。

在口金袋口处距边缉压第二道1cm明线（图2-3-9）。

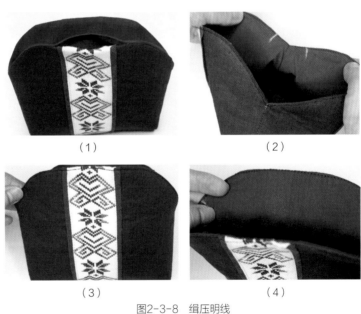

（1）　　　　　　　　　　（2）

（3）　　　　　　　　　　（4）

图2-3-8　缉压明线

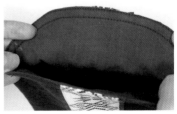

图2-3-9　辑压第二道明线

8.袋口与口金定位

用画粉点画出袋口中点粉印，口金提手中点粉印，袋侧点画出粉印，做好对位记号（图2-3-10）。

图2-3-10　袋口与口金定位

9.袋口装口金

将袋口塞入口金夹中，整理平整后从袋口中点起针，手针穿好双股线，沿着口金提手上面的孔眼上下缝针，将袋口与口金提手组装在一起，注意袋侧处留空不装，缝完一边后结尾打线结（图2-3-11）。

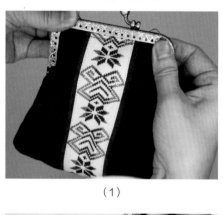

（1）

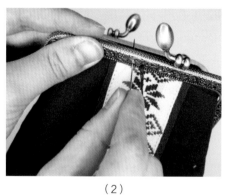

（2）

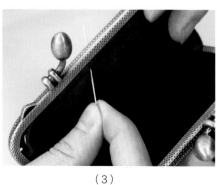

（3）

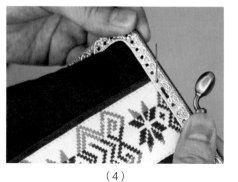

（4）

图2-3-11　袋口装口金

10.制作完成

口金袋成品如图2-3-12所示。

图2-3-12　口金袋成品

三、制作难点

（1）口金袋的面布与里布组合时，四周边沿对齐，整理平整，袋角对准后缝合，固定在一起。

（2）袋口塞入口金夹时，要塞入最尽头，塞进的宽度大小要一致，袋口上端要保持在同一水平直线。

（3）袋口装口金的缝线要结实牢固，里面线迹只留0.1cm的一个小点，与口金边沿保持等距，这样比较美观。

四、作品欣赏

口金袋作品如图2-3-13所示。

图2-3-13 口金袋作品

传统盘纽工艺——花扣制作

产品介绍

　　花样盘扣简称花扣，是一种传统的中国结，元明时期，人们将布条盘织成各种花样，用来束缚宽松的衣服，现在多用于旗袍和中式服装。花扣的题材选取具有浓郁民族风情和吉祥意义的图案，花式种类丰富，有模仿动植物的菊花盘扣、梅花扣、金鱼扣、花篮扣、树枝扣、花蕾扣、树叶扣等。

一、材料与工具准备

材料与工具如图2-4-1所示。

（1）面布：真丝素缎或弹性丝绸面料，1m。

（2）浆糊：自制浆糊，1小碗。

（3）磁卡：1张。

（4）双面衬：1cm宽双面衬，1卷。

（5）细铜丝：0.5mm细铜丝，1卷。

（6）白乳胶或南宝树脂胶，1瓶。

（7）手工镊子。

（8）脱脂棉花少许。

驼色

深紫色

天蓝色

铁锈红

（1）面布

（2）浆糊

（3）磁卡

（4）双面衬

（5）细铜丝

（6）白乳胶

（7）手工镊子

（8）脱脂棉花

图2-4-1　材料与工具

二、方法和步骤

1.刮浆糊

将面粉加水后调和成浆糊备用，选择真丝素缎或者弹性丝绸面料，在布料背面刮浆糊，要求按照面料的纱向刮，晾干后，来回刮3次（图2-4-2）。

2.裁剪斜丝并定型

将面料的边角料去掉，45°斜丝裁剪，1.8cm宽，将面料条对折，然后再左右对折，将布条于烫台处整烫，这时需要冷烫定型（图2-4-3）。

图2-4-2　在面料背面刮浆糊

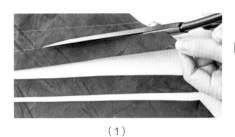

（1）　　　　　　　　　　　（2）

图2-4-3　裁剪斜丝并定型

3.做牙子

将细铜丝两端缠绕在珠针上，固定好，将珠针插入桌垫布将布条固定，将细铜丝放置在布条中间，上面再放一条与布条长度相等的双面衬，双面衬要塞到布条的缝里面，再用熨斗在布条上方虚烫喷气，不要接触到布，也不用开冷风，这样胶就融化了。开冷风，将布条对折，将两边粘贴起来，花扣的牙子即完成（图2-4-4）。

（1）　　　　　　　　　　　（2）

（3）　　　　　　　　　　　（4）

图2-4-4　做牙子

4.把牙子弯曲成图案造型

运用直头镊子，把做好的牙子按照事先设计好的图案造型弯曲扭折，夹出想要的形状，在转角对折处要用镊子的中部用力夹住，使牙子定型，这样廓型就会薄挺，曲线更加细腻美观（图2-4-5）。

图2-4-5　把牙子弯曲成图案造型

5.做环和布扣

把右边的牙子弯成环形，把左边的牙子做成布扣，环与扣要处理得大小匹配，左右花型要弯得对称；再用两股线将花芯缝在一起，要尽可能缝得结实牢固；最后，把向上部分的线迹处理好，不要露出线迹即可（图2-4-6）。

（1）　　　　　　　　　　　　　　（2）

（3）　　　　　　　　　　　　　　（4）

图2-4-6　做环和布扣

6.用棉花填充花瓣

按照事先设计好的图案，将棉花团成一个小球，用镊子将每个花瓣用力填充紧实，并将花瓣廓型整理出来（图2-4-7）。

图2-4-7　用棉花填充花瓣

7.用底布固定花瓣中的棉花

在花扣反面涂抹白乳胶，再粘贴一块裁斜条剩下的布料，沿着花扣边修剪多余的布料，然后在底部用手针将边沿的缝份固定好（如果采用南宝树脂胶，则不用手针缭边），以免棉花脱落（图2-4-8）。

图2-4-8　用底布固定花瓣中的棉花

8.装饰花瓣

在花瓣的中心位置用手针钉上珠子、亮片、金件或者烫上亮钻等装饰物，把手针线迹遮挡起来，整个花扣即制作完毕（图2-4-9）。

图2-4-9 装饰花瓣

三、制作难点

（1）布料刮浆时要注意挂得平整，厚薄均匀。

（2）烫牙子时，细铜丝一定要放置在布条的正中间，否则容易烫歪。

（3）要将牙子边沿烫薄、烫平、烫实。

（4）花扣造型两边要求对称，花型曲线要流畅柔美，布扣紧实，右环与左扣大小要匹配。

（5）手针固定花芯时要尽可能缝得结实牢固一些，以免松散。

四、作品欣赏

花扣作品如图2-4-10所示。

图2-4-10 花扣作品

绳结技法——手链制作

产品介绍

　　绳结是一种特有的手工编织工艺品，绳结艺术历史悠久，绚丽多彩，显示出民族文化的情感与智慧。现代多用来装饰室内、馈赠礼品及个人随身饰品等。民族手链制作采用常见的蛇结和金刚结结合编织，寓意平安吉祥，精致小巧，深受大众喜爱。

一、材料与工具准备

材料与工具如图2-5-1所示。

（1）玉绳：直径1mm，长50cm的黑色和红色玉绳各1条。

（2）装饰珠：珠孔约可穿过4条玉绳的装饰珠1颗。

（3）木珠：直径0.6cm木珠 1颗。

（4）手工小剪刀。

（5）打火机。

（1）玉绳

（2）装饰珠

（3）木珠 　　（4）手工小剪刀 　　（5）打火机

图2-5-1　材料与工具

二、绳结方法

（一）蛇结

蛇结属于单股绳结，是中国结的基础结之一，结形简单大方，状似蛇体，故得名。常用于编制手链、扣襻等。

蛇结编织步骤如下。

（1）左手捏住绳头对齐的两条绳子前端（图2-5-2），右手将b线从a线上面绕一个圈c，将这个圈夹在左手的食指和拇指之间（图2-5-3）。

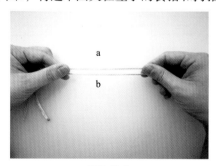

图2-5-2

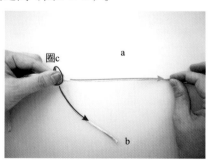

图2-5-3

（2）a线从b线的下方绕过（图2-5-4），穿入圈c（图2-5-5）。

（3）左手一直捏住两线前端不变，右手拉紧（图2-5-6），完成一个蛇结（图2-5-7）。

（4）b线从a线的下方绕过，穿入圈中（图2-5-8），右手拉紧（图2-5-9）；重复上述做法，即可编出连续的蛇结。

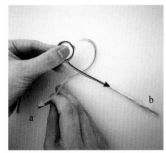

图2-5-4

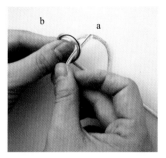

图2-5-5

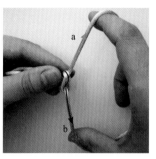

图2-5-6

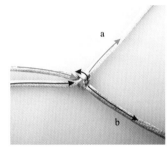

图2-5-7

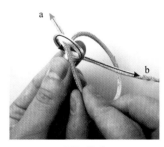

图2-5-8

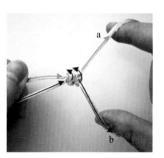

图2-5-9

（二）金刚结

金刚结也叫密宗金刚结，各结环环相扣，外形与蛇结相似，但比蛇结粗些，结体更密实、牢固，稍有弹性，可拉伸。常用于编制手链、项链等装饰品。

金刚结编制步骤如下。

（1）左手捏住绳头对齐的两条绳子前端（图2-5-10），右手将b线从a线上面绕一个圈c，将这个圈夹在左手的食指和拇指之间（图2-5-11）。

（2）a线从b线的下方绕过左手食指，在食指处形成圈d（图2-5-12），a线穿入圈c（图2-5-13）。

（3）左手一直捏住两线前端不变，拉紧b线（图2-5-14），把结翻过来，圈d朝上（图2-5-15），完成半个金刚结。

（4）b线从a线的下方绕过左手食指，在食指处形成一个新的圈--圈c'，b线穿入圈d（图2-5-16），拉紧b线（图2-5-17），完成一个金刚结。

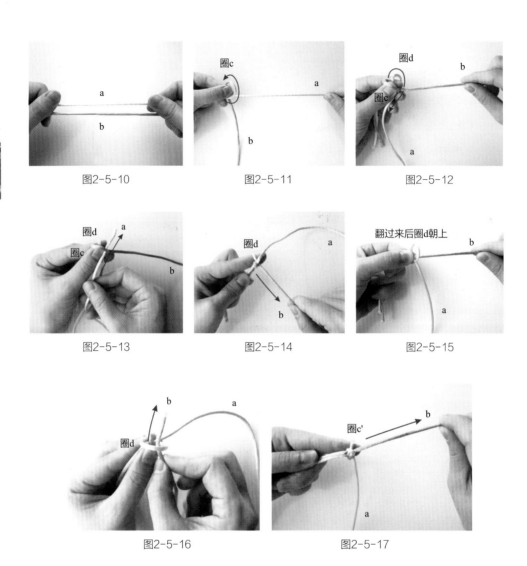

图2-5-10　　　　　　　图2-5-11　　　　　　　图2-5-12

图2-5-13　　　　　　　图2-5-14　　　　　　　图2-5-15

图2-5-16　　　　　　　　　　图2-5-17

（5）金刚结与蛇结编织方式基本相同，每个蛇结都为单结，不用翻转；编织一个蛇结，翻过来后再编织一个蛇结，此为一个金刚结。每次金刚结编织结束，都会留下一个圈（图2-5-18）。编织结束，把该圈一同拉紧即可。重复上述做法，即可编出连续的金刚结（图2-5-19）。

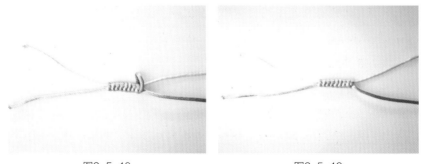

图2-5-18　　　　　　　　　　图2-5-19

三、方法和步骤

1.手链扣襻部分

双色玉绳左边对齐，预留40cm左右（约2倍手腕）长度的E线作为链身底线，编制蛇结，长度约为木珠周长（图2-5-20）。

2.链身部分

折合蛇结头尾，E线依然作为链身底线（图2-5-21），放置于线1和线2之间（图2-5-22）。开始编制金刚结（图2-5-23），编制手链一半的长度，四条玉绳穿过装饰珠后，继续编制金刚结至需要的手链长度（图2-5-24）。

3.链扣部分

留下与木珠颜色相似的玉绳，把另外两条同色玉绳剪剩3mm（图2-5-25），

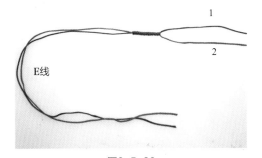

图2-5-20

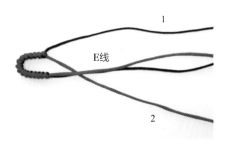

图2-5-21

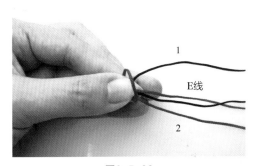

图2-5-22

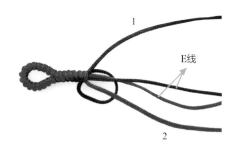

图2-5-23

图2-5-24

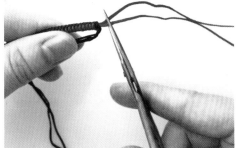

图2-5-25

用打火机将剪剩的3mm处烧固，以免玉绳脱丝（图2-5-26）。剩下两条玉绳穿过木珠，挨紧木珠打结，剪剩3mm（图2-5-27），用打火机点烧至结头部分（图2-5-28）。

4.民族手链成品（图2-5-29）

图2-5-26

图2-5-27

四、制作难点

蛇结、金刚结编织的熟练程度以及编织时的拉扯力度，决定了绳结是否排列均匀、紧密、绳结大小是否均匀一致。

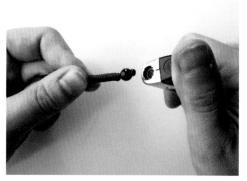

图2-5-28

图2-5-29　民族手链成品

五、作品欣赏

民族手链作品如图2-5-30所示。

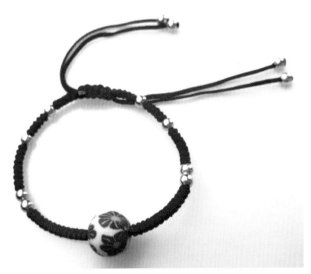

图2-5-30　民族手链作品

任务六
综合技法——挂饰制作

产品介绍

  挂饰是一种深受年轻人喜欢的随身小物件，有吊坠挂饰、手机挂饰、包包挂饰以及用于家居装饰的一些挂饰。本款民族挂饰的题材选取具有浓郁民族情趣和吉祥意义的图案，采用缎面绣、轮廓绣、结粒绣三种绣法，将木珠、铜坠子、流苏等不同材料组合搭配，色彩对比强烈，大气且不乏古朴质感。

一、材料与工具准备

材料与工具如图2-6-1所示。

（1）面布：帆布。

（2）十字绣线：彩色十字绣线若干。

（3）流苏：1个。

（4）钥匙环扣：1个。

（5）铃铛坠子：1个。

（6）小木珠：彩色小木珠若干。

（7）填充棉：若干。

（8）水消笔：1支。

（9）线剪。

（10）手缝针。

（1）面布

（2）十字绣线　　　　　　　　（3）流苏

（4）钥匙环扣

（5）铃铛坠子

（6）小木珠

（7）填充棉　　　（8）水消笔　　（9）线剪　　　（10）手缝针

图2-6-1　材料与工具

二、方法和步骤

1.设计刺绣图案并复制

首先，设计好刺绣图案，并将图案拷贝在硫酸纸上；然后将拷贝好的图案复印至转印纸（图2-6-2）。

2.拓印图案并设计刺绣针法

把布料和拷贝好的转印纸用大头针一起固定，然后将转印纸上的图案拓印在布料上，并设计好刺绣针法（图2-6-3）。本次挂件图案设计的针法主要有缎面绣、结粒绣、轮廓绣，详细针法见项目一任务二手工基础针法。

3.绣制图案并裁剪

根据设计好的针法，搭配好绣线的颜色完成图案绣制；绣好图案后沿着净样放缝0.5cm，并将其裁剪好（图2-6-4）。

图2-6-2 设计刺绣图案并复制

图2-6-3 拓印图案并设计刺绣针法

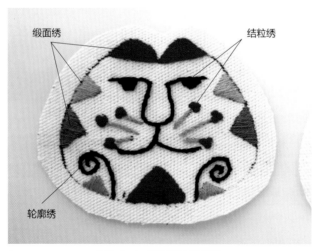

图2-6-4 绣制图案并裁剪

4.制作另一绣片

裁剪好两片同样大小的绣片，另一片绣片可根据自己的设计需要留白或绣制相同图案（图2-6-5）。

图2-6-5　制作另一绣片

5.缝合两绣片并填入适量填充棉

将裁剪好的布料沿着0.5cm的缝份用卷针缝针法进行缝合，缝合时注意在绣片顶部留口并填入适量填充棉（图2-6-6）。

图2-6-6　缝合两绣片并填入适量填充棉

6.用卷针缝针法封边

开始缝结后，距离缝份0.5cm从两片布料内侧出针；出针后将针线环绕半圈从下方面料紧挨着第一针位置出针，依次类推，收尾时将线结藏于布料夹层间。注意线迹整齐、抽线均匀（图2-6-7）。

7.制作挂绳

绣片制作好后将对挂件进行装饰。挂绳制作，首先裁剪适量玉线对折后进行打结，用打火机将线结烧平（图2-6-8）。

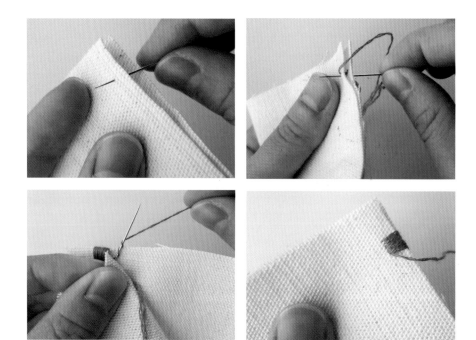

图2-6-7　用卷针缝针法封边

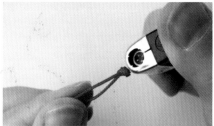

图2-6-8　制作挂绳

8.装饰线圈

将做好的线结缝合在绣片中，注意藏好线结；然后用彩色木珠装饰多余的线圈，并在线圈末端安装好连接圈和龙虾扣（图2-6-9）。

图2-6-9　装饰线圈

9.安装流苏

在流苏线上装饰好彩色木珠，并将流苏系在龙虾扣上，打好结，用打火机烧好线结（图2-6-10）。

10.装饰挂饰

取另外两段玉线，分别用铃铛、彩色木珠装饰好玉线，再分别将其同系流苏的方法系上龙虾扣，烧好线结，整个挂饰制作完毕（图2-6-11）。

图2-6-10　安装流苏

图2-6-11　装饰挂饰

三、制作难点

（1）图案刺绣时，缝制过程中要注意抽线力度均匀，不宜过紧或过松，保证线迹整齐美观。

（2）缝制过程中要注意藏好线结，以免影响成品美观。

（3）填充棉花时注意不要过量，避免卷针缝合后边缘线条不流畅。

（4）组装时，挂绳的线结不要过大，以卡住珠子为宜，避免珠子松散脱落。

四、作品欣赏

挂饰作品如图2-6-12所示。

图2-6-12　挂饰作品

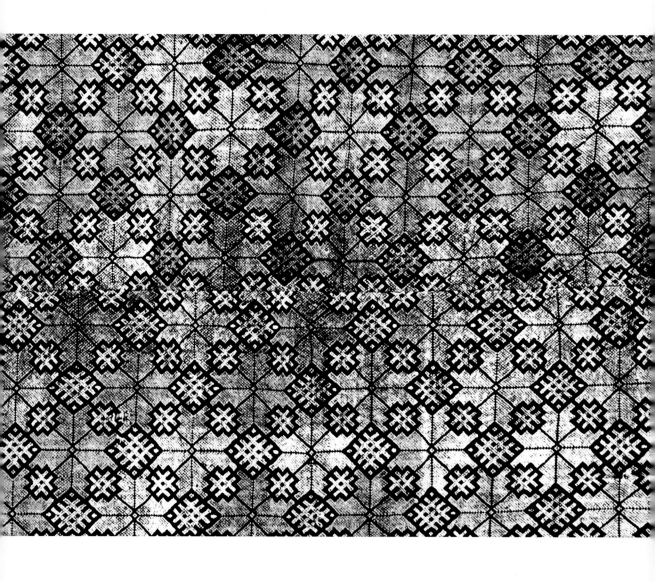

项目三

广西少数民族服饰技艺

任务一
仫佬族马尾绣技法

绣法介绍

　　马尾绣是用马尾作重要原材料的一种特殊刺绣技艺与方法。取马尾3~4根作芯，将白色丝线紧密地缠绕在马尾上，以此作为预制绣花线，然后按照传统刺绣纹样或剪纸纹样，将这种预制绣花线盘绣在花纹的轮廓上，再用七彩丝线编制成的扁形彩线，添绣在盘绣花纹的轮廓中间部位。这种工艺制作的绣品具有浅浮雕感，造型抽象而夸张。

一、材料与工具准备

材料与工具如图3-1-1所示。

（1）白纸、棉布、硬布衬。

（2）马尾巴毛，各色丝线，加捻丝线。

（3）打火机。

（4）银色勾线笔。

（5）锥子。

（6）剪刀。

（7）两种型号的手缝针。

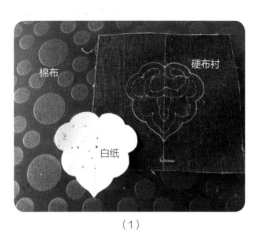

（1）

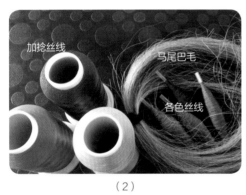

（2）

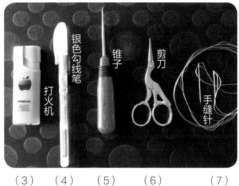

（3）　　（4）　　（5）　　（6）　　（7）

图3-1-1　材料与工具

二、方法和步骤

1.缠马尾线

取马尾2~4根，用双手将马尾顺时针转动，将丝线紧紧缠绕于马尾上，缠绕完毕后打结，放置于一边待用（图3-1-2）。

（1）

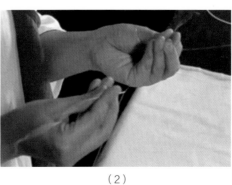

（2）

图3-1-2

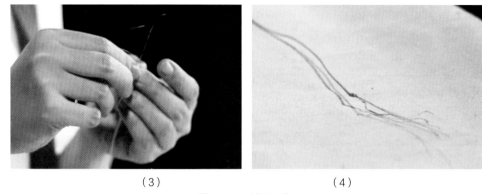

|（3）|（4）|

图3-1-2　缠马尾线

2.绘制图案

在粘好硬布衬的面料正面用银色勾线笔绘制出纹样（图3-1-3）。

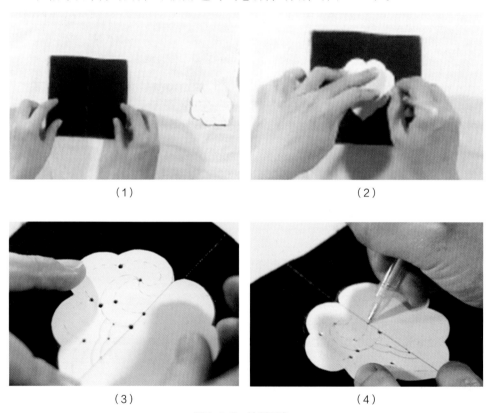

|（1）|（2）|
|（3）|（4）|

图3-1-3　绘制图案

3.固定马尾线

固定时使用较大号针穿好马尾线，从纹样反面下针，穿至纹样上方，注意马尾线要在纹样反面打结，并用打火机烧打结处，使之融化，从而固定于纹样背面。位于纹样上方的马尾线用同色丝线按纹样形状固定于图案上，每1cm固定一针，最后在纹样背面打结，剪去多余线头（图3-1-4）。

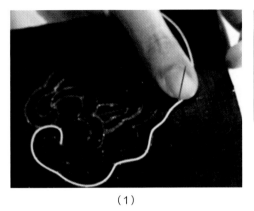

（1）

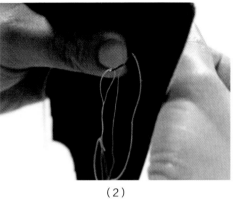

（2）

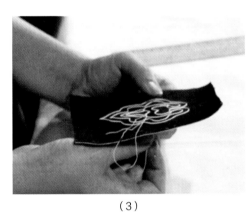

（3）

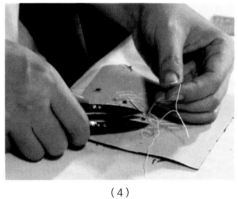

（4）

图3-1-4　固定马尾线

4.纹样内部填充螺旋绣

（1）取两根大小型号的手缝针及配色丝线，大号手缝针穿8股线，做螺旋线用；小号手缝针穿2股线，用于螺旋线的固定，两根针的线头均打结待用（图3-1-5）。

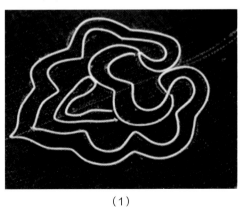

（1）

（2）

图3-1-5

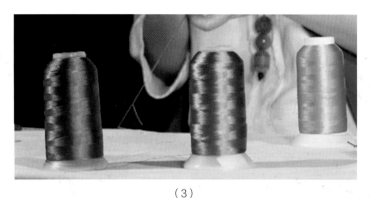

（3）

图3-1-5　准备手缝针和配色丝线

（2）将8股线的针从纹样背面穿出起针，左手拿纹样，右手拿针逆时针旋转，旋转至8股线缠绕在一起，呈麻花状，将8股线的针固定在纹样面料空白处，此做法可以防止呈麻花状的线松散，且保证每一个螺旋松紧度都一致（图3-1-6）。

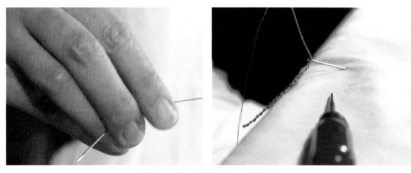

图3-1-6　将线旋转呈麻花状

（3）将穿2股线的针从靠近绕线位置的纹样背面穿出，漏出针的三分之二，左手拿稳针和纹样，右手拿线顺时针绕针一周，左手拇指按住环绕的线圈，右手将针完全拔出，回针至第一线圈中间固定，螺旋绣针法完成；重复以上针法，沿纹样轮廓依次填充完整（图3-1-7）。

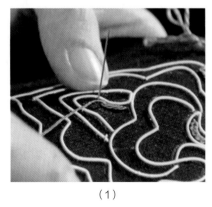

（1）

（2）

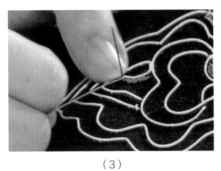
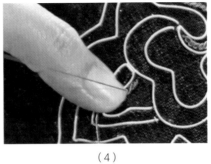

（3）　　　　　　　　　　　　　　　（4）

图3-1-7　填充螺旋绣

（4）收针：每个配色线绣完其中一根轮廓线往纹样背面打结固定（图3-1-8）。

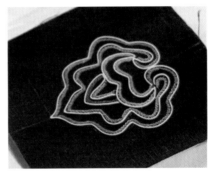

图3-1-8　收针

5.制作完成

马尾绣成品如图3-1-9所示。

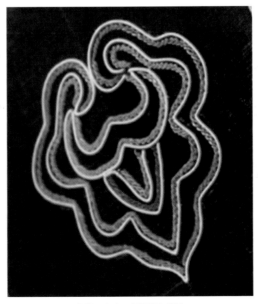

图3-1-9　马尾绣成品

三、制作难点

（1）用丝线缠马尾时线圈要光滑均匀，松紧度一致，不能漏出马尾。

（2）在固定马尾线时，距离应尽量紧密，防止纹样轮廓变形，转折处对折固定。

（3）纹样填充应尽量靠近纹样轮廓线边缘，针距、绕线拧度及绕线圈大小一致。

（4）初学者采用螺旋绣方法时，较难成型，需要多加练习，左右手才能灵活运用绕线和固定线形成螺旋线迹。

四、作品欣赏

马尾绣作品如图3-1-10所示。

图3-1-10　马尾绣作品

关于仫佬族马尾绣

广西、贵州交界地带是少数民族集聚地区，水族是若干少数民族中的一个。水族传统端节（相当于汉族的春节）有赛马的习俗，养马、赛马已有很长的历史，由此水族妇女发明了用马尾制作刺绣的艺术，传统节日，男子赛马，女子身着马尾绣盛装参与节日活动。马尾绣是一门传承了上千年的技艺，也是中国最古老、最具特色的刺绣技艺之一，其工艺精湛，具有浅浮雕感，造型抽象、概括、夸张，有刺绣中的"活化石"之称。2006年6月，马尾绣入选首批国家级非物质文化遗产名录。

马尾绣的制作过程烦琐复杂，成品古色古香，华美精致，且结实耐用。刺绣图案古朴、典雅、抽象，并具有固定的框架和模式。水族生活中的很多物件都展现了马尾绣的风采，如马尾绣背带、马尾绣尖角鞋、马尾绣童帽等。马尾绣工艺主要用于制作背小孩的背带、翘尖绣花鞋、女性的围腰和胸牌、童帽、荷包、刀鞘护套等。一个马尾绣背带，由二十多块大小不同的马尾绣片组成，一般要花费一年左右的时间才能制作完成。

贵州三都距离广西河池的南丹、环江、罗城等地较近，不同民族之间互相来往和联姻，在长期的民族融合中，水族人民把马尾绣也传授给了附近广西的少数民族。广西罗城仫佬族自治县四把镇的能工巧匠谢秀荣掌握了马尾绣的刺绣技法，并融入仫佬族特色进行改良创新，被当地人称为"绣娘"。2013～2015年连续三年，谢秀荣的马尾绣作品获得广西工艺美术"八桂天工"奖的金银奖，她成为广西壮族自治区级非物质文化遗产传承人，荣获"广西工艺美术大师"的称号。2017年，广西纺织工业学校成立了谢秀荣大师工作室，以传授仫佬族马尾绣技艺为使命。

任务二
白裤瑶数纱挑花绣技法

绣法介绍

广西白裤瑶刺绣方法多以数纱挑花为主。用各种彩色丝线在布料背面随手起针，挑绣出各种图案纹样，针法有十字长短针、平直长短针，挑花图案的纹样受十字针脚的限制，整个过程严格按照布料的经纬交点施针，刺绣造型一般比较概括、简练，且多以"几何化"呈现。

绣法一：双层米字花刺绣

米字花刺绣图案通常出现在白裤瑶女式上衣后片下摆、花腰带、绑腿带等处。双层米字花刺绣是根据图案大小先设计好框架图，一般为2cm宽×5cm高。以中心竖线为对称轴左右纹样对称，共分为三层，第一层为半边两组米字花，第二层为两组米字花，第三层为三组米字花。三层纹样呈排列整齐的矩形方块状。框架采用数纱绣完成，双层米字花采用长短针刺绣方法完成（图3-2-1）。

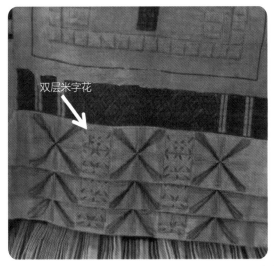

图3-2-1　双层米字花刺绣

一、材料与工具准备

材料与工具如图3-2-2所示。

（1）面料：十字绣网格布15cm×15cm，1片。

（2）绣花线：0.2cm粗的彩色丝绒线。

（3）手缝针：直径0.2cm，长5cm，2枚。

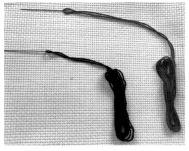

图3-2-2　材料与工具

二、方法和步骤

（一）绣好框架图

（1）首先1进针2出针，第1针从下往上出针，往右两格再往下两格处进第2针，再往上两格出第3针，再往下两格往左两格处进第4针，得到一个×点A；继续往右四格上两格出第5针，接下去重复前面A点的手法，6进针7出针，7出针8进针后得到×点B，8进针9出针，9出针10进针，10进针11出针，11出针12进针，得到图3-2-3（4）两条向左平行的横线（图3-2-3）。

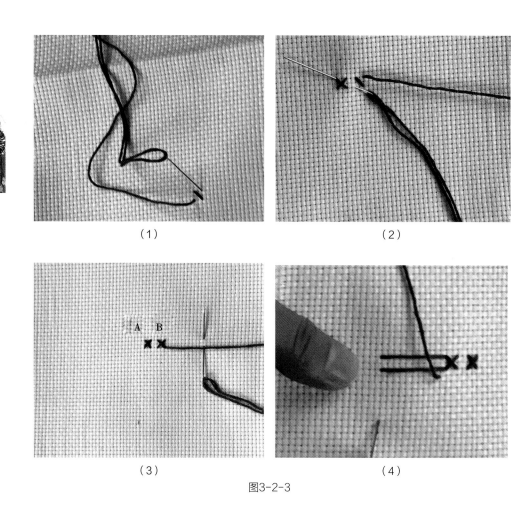

（1）　　　　　　　　　　　　　（2）

（3）　　　　　　　　　　　　　（4）

图3-2-3

（2）12进针13出针，13出针14进针，14进针15出针，15出针16进针，得到图3-2-4（2）两条向左斜的相交线；16进针17出针，17出针18进针，18进针19出针，19出针20进针，得到图3-2-4（4）所示的两条平行竖线（图3-2-4）。

（3）20进针21出针，21出针22进针，22进针23出针，23出针24进针，得到图3-2-5（2）向右斜向的相交线；24进针25出针，25出针26进针，26进针27出针，27

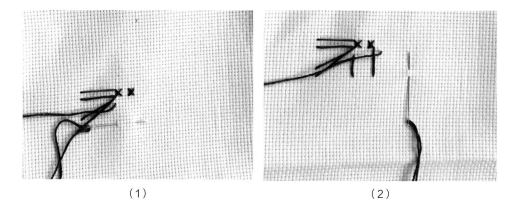

（1）　　　　　　　　　　　　　（2）

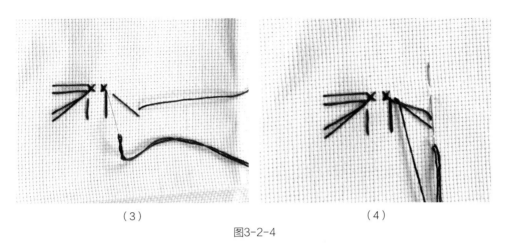

（3）　　　　　　　　　　（4）

图3-2-4

出针28进针，得到图3-2-5（2）向右平行的横线；28进针29出针，29出针30进针，30进针30出针，30出针31进针，31进针32出针，32出针33进针，34出针，得到图3-2-5（2）×C点；34出针35进针，得到图3-2-5（3）；35进针36出针，36出针37进针，得到图3-2-5（4）所示的效果（图3-2-5）。

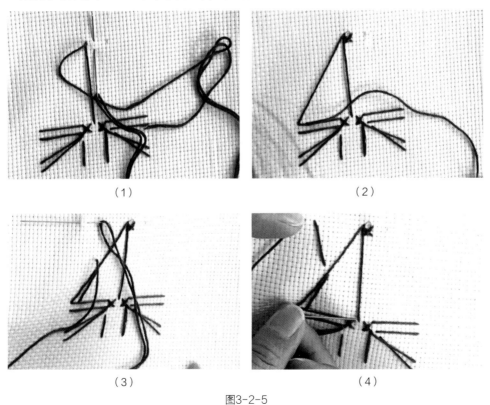

（1）　　　　　　　　　　（2）

（3）　　　　　　　　　　（4）

图3-2-5

（4）以此类推，左右两边交叉线对称绣出，得到图3-2-6（4）所示的效果（图3-2-6）。

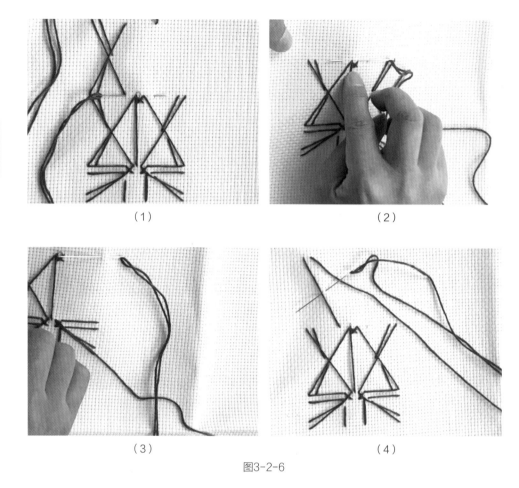

（1）

（2）

（3）

（4）

图3-2-6

（5）继续往上绣出交叉菱形图案，再以蓝色线为对称轴，绣出右边图案，得
到图3-2-7（7）所示的效果，则整个框架图完成（图3-2-7）。

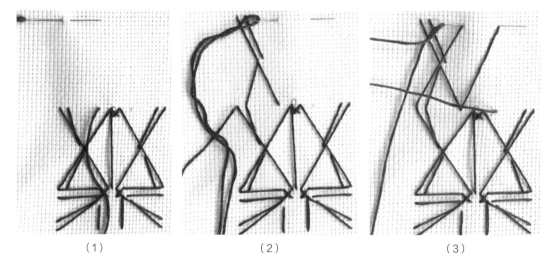

（1）

（2）

（3）

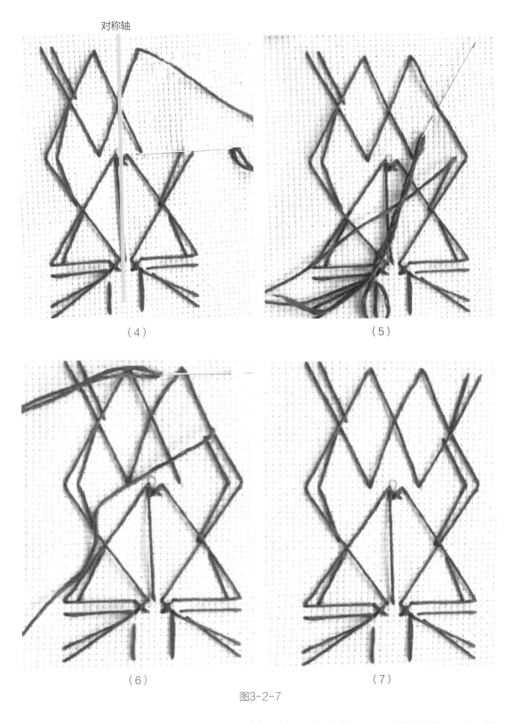

（4）

（5）

（6）

（7）

图3-2-7

（6）框架图谱（图3-2-8）。图谱中"出"是指出针，"进"是指进针。例如：1出2进是指第1针出针、第2针进针，表面看见绣线；6进7出是指第6针进针、第7针出针，表面看不见绣线。图谱上的顺序不一定跟此图完全一样，可以按照自己的想法设计顺序，只要最后得出来的框架图效果一样即可。

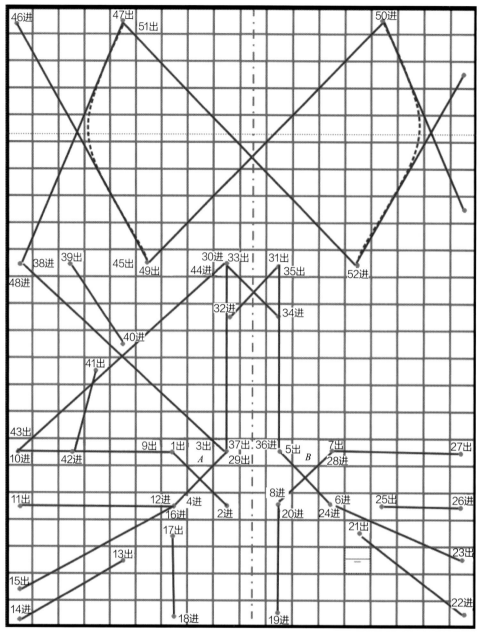

图3-2-8 双层米字花刺绣框架图

（二）双层米字花刺绣

（1）双层米字花刺绣的第一层为半边两组米字花（图3-2-9）。

第一层的针法是：以中心点O点为原点出第1针，对准框架的对角点A点进第2针，然后往上两格的B点出第3针，又回到O点进第4针，在距离O点右边0.5cm的地方出第5针，再从A点往上一格的C点进第6针。按此针法不断重复下去，填充完半个矩形放射线图，再逆时针方向将另一半矩形填充完毕，得到双矩形米字花纹样（图3-2-10）。

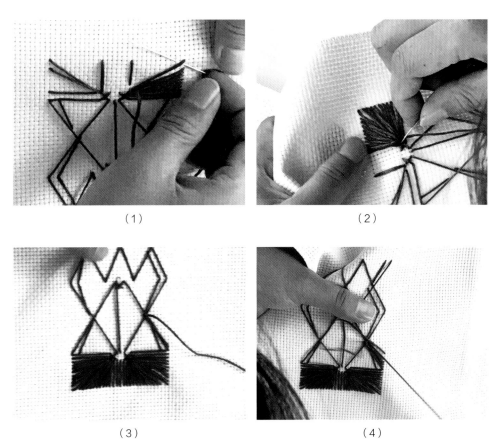

（1）　　　　　　　　　　　　　　　（2）

（3）　　　　　　　　　　　　　　　（4）

图3-2-9　双层米字花刺绣的第一层

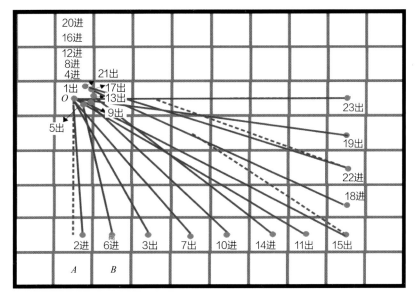

图3-2-10　双层米字花刺绣第一层放射线图

（2）双层米字花刺绣的第二层为两组米字花，第三层为三组米字花（图3-2-11）。

（1）

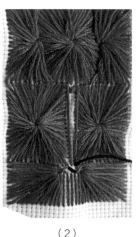
（2）

（3）

（4）

图3-2-11　双层米字花刺绣的第二层

　　第二层的针法是：以中心点O点为原点出第1针，对准框架的对角点A点进第2针，然后往上两格的B点出第3针，又回到O点进第4针，在距离O点右边0.5cm的地方出第5针，再从A点往上一格的C点进第6针。按此针法不断重复下去，填充完1/4个矩形放射线图，再逆时针方向将剩余的三个角填充完毕，得到一个完整的双层米字花纹样，最后分别在三层的中间绣上黑色的米字纹（图3-2-12）。

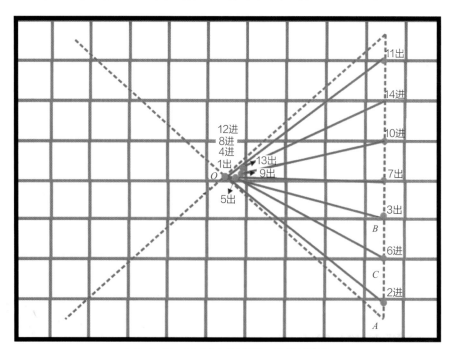

图3-2-12　双层米字花刺绣第二层放射线图

绣法二：菱形套井纹、回纹刺绣

菱形套井纹、回纹刺绣图案通常出现在白裤瑶女子百褶裙裙边。菱形套井纹、回纹四方连续纹样，在每一个约3cm高×3cm宽的菱形单位纹里面都包含有井纹和回纹填充，采用平直长短针变化纱数进行挑花，把预期的图案在经纬纱点中进行布局，以此完成图案。刺绣前将图案及花位进行布局，随纬纱方向定出菱形、井纹和回纹的绣花路径（图3-2-13）。

裙边

图3-2-13　菱形、井纹和回纹的绣花路径

一、材料与工具准备

材料与工具同双层米字花刺绣。

二、方法和步骤

（1）第一行：由左向右前进，第1针先从布料的反面出针，向左隔3格进第2针，隔2格后出第3针，隔3格后进第4针，然后挑出1格，再隔3格后挑1格进第5针，继续隔3格挑出1格进第6针，隔3格挑出1格进第7针，如此循环下去，一直进第16针，针插入布料反面结束第一行（图3-2-14）。

（2）第二行：比第一行复杂一些，需要按照设计好的图案在面上设计好相应的纱格数。从第一行末端往上1格出第1针，由右向左前进，隔2格后挑出1格进第2针，隔3格后挑出1格进第3针，再隔5格挑出1格，再进第4针，继续隔3格挑出1格，再进第5针，隔3格后挑出1格进第6针，隔1格后挑出1格进第7针，隔1格后挑出5格进第8针，隔1格后挑出1格进第9针，隔3格后挑出1格进第10针，隔3格后挑出1格进第11针，隔5格后挑出1格进第12针，隔3格后挑出1格进第13针，隔2格后挑出1格进第14针，隔2格后出第15针，隔3格后进第16针（图3-2-15）。

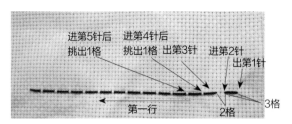

图3-2-14　第一行

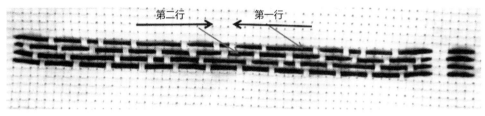

图3-2-15　第二行

（3）第三行至第四十九行（可根据宽度自行设计行数）：按照设计好的图案在面上挑出相应针数，形成一个菱形单位纹，里面填充有井纹和回纹。（图3-2-16）。

（4）若干个菱形单位纹组合在一起形成四方连续纹样（图3-2-17）。

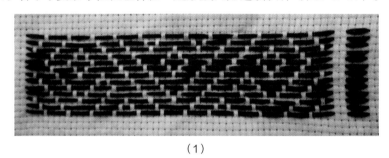

（1）

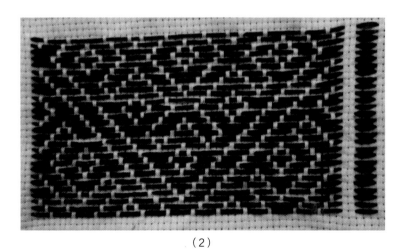

（2）

图3-2-16　第三行至第四十九行

（5）菱形套井纹、回纹刺绣图谱（图3-2-18）。

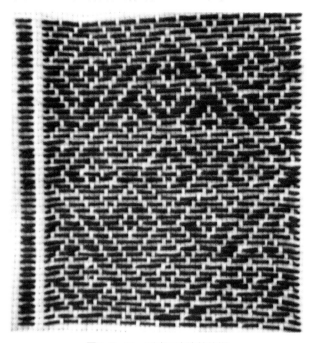

图3-2-17　形成四方连续纹样

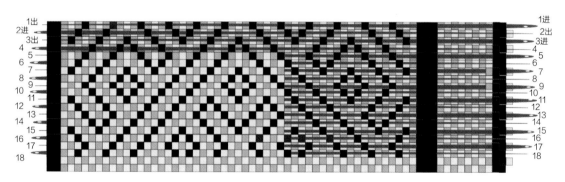

图3-2-18　菱形套井纹、回纹刺绣图谱

绣法三：十字花刺绣

十字花刺绣图案通常出现在白裤瑶女式上衣后背的瑶王印章上。十字花刺绣纹样每个约2.5cm高×2.5cm宽，在以十字形为单位纹的四个角上，填充四个交叉的十字小花。中心的十字形纹样由四列四横十字纹组成，运针时线从右下至左上，再从右上至左下，在一个格子里面交叉形成一个"十"字单位纹；四角交叉十字小花，运针时线从右下至左上，再从右上至左下，在一个格子里面交叉形成一个"之"字单位纹（图3-2-19）。

图3-2-19　十字花刺绣图案

一、材料与工具准备

材料与工具同双层米字花刺绣。

二、方法和步骤

（1）中心的十字形纹样基本针法：第1针在任一处格角上由下往上出针，在其对角格上进第2针，再往右一格角出第3针，在其对角格上进第4针，得到一个X形纹样（图3-2-20）。

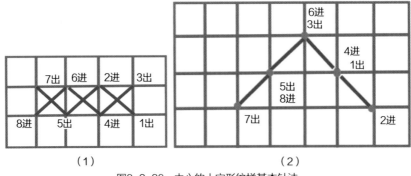

图3-2-20　中心的十字形纹样基本针法

（2）四角交叉十字小花基本针法：第1针在任一处格角上由下往上出针，在其对角格上进第2针，再在隔两个对角格上出第3针，再回到第1针的对角格上进第4针，一直按照"进二退一"的针法连续绣，按照事先设计好的图案廓型完成刺绣（图3-2-21）。

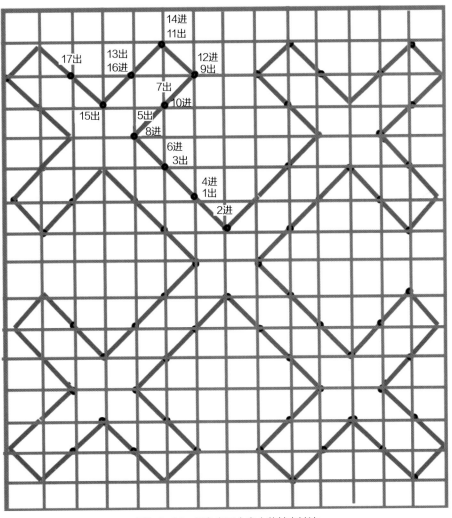

图3-2-21　四角交叉十字小花基本针法

绣法四：十字纹刺绣

十字纹刺绣图案通常出现在白裤瑶女式上衣后片，男式裤口、绑腿带、花腰带、腰间挂饰等处。十字纹刺绣采用十字交叉针法运针完成纹样图案，可采用单色、双色或者多色构成单位纹。十字纹刺绣框架是十字平挑针，简单易学。运针时先从右下至左上，再从右上至左下，在一个格子里面交叉形成一个十字单位纹，绣好的图案一般为4cm宽×4cm高（图3-2-22）。

一、材料与工具准备

材料与工具同双层米字花刺绣。

图3-2-22　十字纹刺绣图案

二、方法和步骤

（1）基本针法：第1针在任一处格角上由下往上出针，在其对角格上进第2针，再往右一格角出第3针，在其对角格上进第4针，得到一个X形纹样（图3-2-23）。

（2）十字绣图案套色：将绣好的图案填充另一种或多种底色，从而得到一个完整的口形纹样（图3-2-24）。

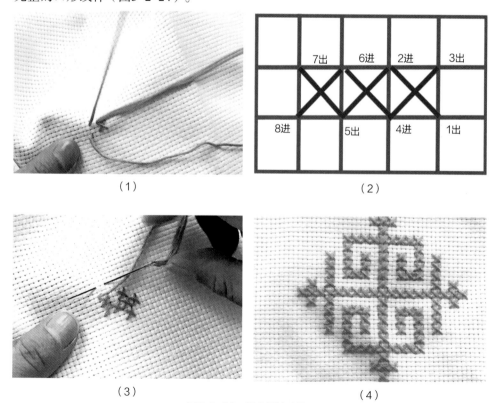

图3-2-23　基本针法步骤

图3-2-24 十字绣图案套色

三、作品欣赏

十字绣作品如图3-2-25所示。

图3-2-25 十字绣作品

四、图片欣赏

白裤瑶服饰如图3-2-26所示。

图3-2-26　白裤瑶服饰

南丹白裤瑶服饰

广西壮族自治区河池南丹县的八圩乡和里湖乡，服饰简洁而质朴，因男子穿齐膝白裤，故称为白裤瑶。白裤瑶被联合国教科文组织认定为"民俗文化保留最完整的一个族群"，有"人类文明的活化石"之称。

南丹白裤瑶服饰分男装和女装，节日盛装和便装。瑶民现在依旧手工纺线、手工织布、手工印染缝制，一套白裤瑶衣裙，往往要经过轧棉、纺纱、织布等三十多道工序，耗费大约一年的时间。以动物为主题的服饰图案多采用抽象的表现形式，其中包括鸟纹样、鸡仔花、龙纹样、蝴蝶纹样、花纹样和几何纹样。男子的上衣以鸡仔花为主要纹饰，从整体看像一只雄鸡，背部的衣角像鸡的尾巴，衣脚两侧像鸡的翅膀，充分体现出白裤瑶人民对鸡的崇拜。

任务三
隆林壮族箔衮技法

绣法介绍

广西隆林壮族的"箔衮"相传来源于古代皇帝及上公的礼服--衮服，当地借用"衮"字来显示服饰的尊贵；上衣的大襟与袖口边沿用箔衮工艺，镶滚有各种花草、稻穗、栏杆、窗格等图案；箔衮采用钉线绣中的明钉绣法，针迹暴露在线梗上，表面呈现串珠状颗粒的龙抱柱线。

一、材料与工具准备

材料与工具如图3-3-1所示。

（1）面布：对比色棉布，2片。

（2）衬布：非织造布黏合衬、双面衬。

（3）手工小剪刀、盘金线。

（4）纸：白纸、复写纸。

（5）圆珠笔。

（6）白乳胶。

（7）手针。

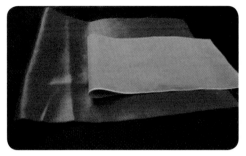

（1）面布

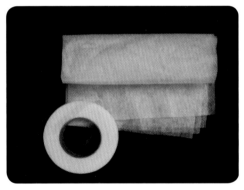

（2）衬布

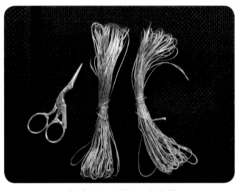

（3）手工小剪刀、盘金线

（4）纸

（5）圆珠笔

（6）白乳胶

（7）手针

图3-3-1　材料与工具

二、方法和步骤

（1）画图稿：用白纸画出设计图稿，图稿的尺寸一般是6cm宽的二方连续图案（图3-3-2）。

（2）将准备好的两块面布黏衬或者刮浆（图3-3-3）。

（3）将画好的图稿下面垫上复写

图3-3-2　画图稿

图3-3-3　黏衬或刮浆

纸，一起铺在棉布上，将图案用圆珠笔复写到棉布上（图3-3-4）。

（4）用手工小剪刀将图案的空心部分镂空，抠出一个完整的图样，注意剪刀所到之处线条要流畅，图案要完整（图3-3-5）。

（5）在剪出来的图样反面刮上浆糊或者白乳胶，粘在另一块棉布上，尽量铺贴平整（图3-3-6）。

图3-3-4　复写图案至棉布上

图3-3-5　抠图样

图3-3-6　将图样粘到另一块棉布上

（6）从图样的一角开始起针，第1针从反面进入正面，注意盘金线的线头藏到布料反面并用手缝针固定（图3-3-7）。

图3-3-7 起针

（7）将盘金线沿着图样的边缘走线，用手固定住，同时用配色或者撞色的绣线在盘金线上每隔0.4cm钉缝一次，注意钉线绣时要将盘金线、图样、底布三者固定在一起，防止图样边沿毛边或翘起（图3-3-8）。

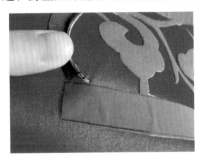
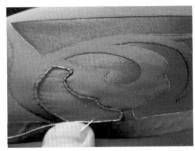

图3-3-8 镶滚图样

（8）绣完一圈后盘金线要将线头藏到反面固定（图3-3-9）。

图3-3-9 藏线头

（9）箔衮绣完成图（图3-3-10）。

图3-3-10 箔衮绣

三、制作难点

（1）剪图样的过程相当于剪纸，要用小剪刀，图样边沿要剪光滑。

（2）将图样再粘贴到另一块棉布上，四周尽量铺贴得平整紧实，中心不要起泡。

（3）注意钉线绣时，要将盘金线、图样、底布三者固定在一起，防止图样边沿毛边、翘起，且每个线珠间隔均匀。

四、作品欣赏

箔衮绣作品如图3-3-11所示。

图3-3-11　箔衮绣作品

五、图片欣赏

壮族箔衮服饰如图3-3-12所示。

图3-3-12 壮族箔衮服饰

隆林壮族箔衮服饰

　　1646年，被清兵追杀的南明皇帝朱由榔逃到今贵州省安龙县避难，之前他曾暂住在今贵州省兴义市南盘江镇南龙村，南龙村与广西隆林县革步乡央索村隔江相望。当时，嫔妃们穿着宫廷服饰与当地妇女交往，其衮服被当地妇女手工织布仿制。后来经不断加工，演变成一款独特的服饰，壮语称"箔衮"。"箔"是隆林当地壮语"衣服"的意思，"衮"字来源于古代皇帝及上公的礼服--衮服，当地借用"衮"字来显示服饰的尊贵。

　　箔衮服饰上衣的大襟与袖口边沿用箔衮工艺，镶滚有各种花草、稻穗、栏杆、窗格等图案，制作一套壮族箔衮服饰需要1个多月。

　　壮族衮服，衣长盖臀，注重修腰；双层衣袖，外袖较宽，长至肘部；里袖稍窄，长至手腕；衣领、衣斗、衣袖镶花；五颗布扣，均系上银铃花；穿衮服要配上唐装裤、戴花头帕、穿绣花鞋。

　　壮族衮服样式及其工艺与明朝宫廷衮服基本相同，不同之处主要是使用的布料和镶滚所使用的花色不同。宫廷衮服所用面料均是绸缎，而壮族衮服用的面料均是壮族的手工织布；宫廷衮服主体颜色多种多样，而壮族衮服主体颜色为黑色。

　　壮族衮服的产生、发展和传承，体现出壮族妇女在服饰文化上善于学习和创造。衮服历史悠久、工艺精致、美观大方，是壮族服饰文化的代表作，但由于服饰文化日新月异，壮族衮服的传承和发展面临挑战，亟待加强保护。